变电设备主人制管理一本通

主　编　高惠新

副主编　刘剑清　周　刚　张　永　戴哲仁

U0157021

中国电力出版社
CHINA ELECTRIC POWER PRESS

内 容 提 要

本书基于供电企业变电设备主人制的新机制实施过程，介绍了以变电设备主人为主体实现设备全寿命周期闭环管理的经验，旨在有效深化变电设备主人制工作，提高变电运检工作效率。

全书共包括 7 章，分别为概述、工程项目管控、设备运行维护、设备状态评价、检修过程管控、变电运检业务、智能运检建设及应用。书中案例翔实、贴近实际，解析细致、便于掌握。

本书立足于变电设备主人制实际业务，可供电力系统变电运维（运检）技术人员、相关管理人员学习、参考，还可作为电力系统内其他兄弟单位开展设备主人制业务模式参考借鉴。

图书在版编目（CIP）数据

变电设备主人制管理一本通 / 高惠新主编．—北京：中国电力出版社，2022.3
ISBN 978-7-5198-6416-3

Ⅰ．①变… Ⅱ．①高… Ⅲ．变电所–电力系统运行–管理 Ⅳ．①TM63

中国版本图书馆 CIP 数据核字（2022）第 008477 号

出版发行：中国电力出版社
地　　址：北京市东城区北京站西街 19 号（邮政编码 100005）
网　　址：http://www.cepp.sgcc.com.cn
责任编辑：邓慧都
责任校对：黄　蓓　马　宁
装帧设计：张俊霞
责任印制：石　雷

印　　刷：三河市百盛印装有限公司
版　　次：2022 年 3 月第一版
印　　次：2022 年 3 月北京第一次印刷
开　　本：787 毫米×1092 毫米　16 开本
印　　张：13.5
字　　数：314 千字
定　　价：68.00 元

编 委 会

主 任　段　军

副主任　殷伟斌

委 员　丁一岷　钱　平　徐冬生　韩中杰　邹剑锋
　　　　车江嵘　丁磊明　张　捷　李传才　傅　进
　　　　周富强　宿　波　杨　波

编 写 组

主　　编　高惠新

副 主 编　刘剑清　周　刚　张　永　戴哲仁

参编人员　杨小立　王　森　车远宏　龙　波　张佳宇
　　　　　张颖朝　张金玉　殷　军　曹　阳　罗志远
　　　　　魏泽民　徐东辉　唐　昕　苏　宇　王　强
　　　　　冯宇立　陈　曦　张　晗　李锐锋　黄国良
　　　　　金乐婷　徐黎军　韩心怡　詹晓艳　俞　燕
　　　　　王筝媛　孙　莹　郑铭洲

前　言

中华人民共和国成立前，我国的电力事业基础薄弱，安全生产水平、电力可靠供应水平非常低下。新中国成立后，在党中央、国务院的坚强领导下，全国的广大电力工作者秉持"人民电业为人民"的初心信念，通过自力更生、艰苦奋斗，使得电力工业得到有序的发展，并逐步形成了一定的电力建设、生产和运行体系。尤其是近些年来，电网生产建设进入了蓬勃发展的新阶段，逐渐形成了具有中国特色的电网企业发展模式。据公开资料显示，截至2018年底，我国的全社会用电量达到69 002亿kWh，35kV及以上变电容量达到69.92亿kVA。

随着电网快速发展、设备规模大幅增加，电网、设备风险也日益突出，传统的变电设备运维管理模式出现了与电网高速发展不相适应的现象。"变电设备主人体系建设"的探索也在此背景下应运而生。变电设备主人体系建设在近年来逐渐成为电力企业优化变电运维管理模式的重要抓手之一。所谓的变电设备主人，是变电站（换流站）主辅设备的全寿命周期管理的落实者、运检标准的执行者和主辅设备状态的管理者，全过程参与工程项目管控、设备运行维护、检修过程管控、设备状态评价、设备退役报废等各类工作，在设备全寿命周期各环节中履行相应的监督、管控、评价、跟踪、督办、执行等职责。

目前，变电设备主人业务范围、具体业务项目、管控要求以及如何有效落地等内容，还处在探索阶段，各个变电运维管理组织、单元尚未形成明确而统一的标准。本书从目前编者所在单位已经在探索实施的设备主人相关主要业务，如工程项目管控、设备运行维护、设备状态评价、检修过程管控、变电运检业务、智能运检建设及应用等多角度、多方面进行阐述，以供有所需要的变电设备主人翻阅借鉴，有助于全面推进变电设备主人体系的建设，进一步提高变电设备主人设备状态管控和运维管理精益化水平，培养适应新时代的综合型高技能人才，全面提升员工队伍素质，保证电网安全稳定运行、支撑和促进国网公司战略落地起到积极的推动作用。

本书在编写过程中得到了国家电网有限公司相关单位和人员的大力支持，在此一并表示衷心的感谢。

编　者

2022年2月

目　录

第1章

概　述

根据国家电网有限公司的战略发展目标，在 2025 年要基本建成具有中国特色国际领先的能源互联网企业。公司部分领域、关键环节和主要指标达到国际领先，中国特色优势明显，电网智能化、数字化水平显著提升，能源互联网功能形态作用彰显。其中，在经营实力上，要求公司规模和电网规模保持全球领先，相关效益效能指标不断改善。

不断提升精益化管理水平，加强资产全寿命精益管理，通过重点领域改革攻坚和技术转型升级，成为推进公司高质量发展、提升公司经营质效的重要手段。探索实践变电设备主人制，提升人员素质、提高技术水平，正是不断挖潜增效，向改革要效益、向创新要效益的积极尝试。

1.1　变电设备主人

变电设备主人是指由具备设备运维检修管理职责的单位指定的、针对具体设备的责任人。变电设备主人是变电站（换流站）主辅设备的全寿命周期管理的落实者、运检标准的执行者和主辅设备状态的管理者。其中，运检标准由相应变电设备的专业管理部门制定并监督执行。保障设备管理工作实现凡事有人负责、凡事有人监督、凡事有人闭环和凡事有章可循的目标。变电设备主人定义如图 1-1 所示。

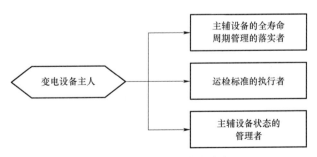

图 1-1　变电设备主人定义

1.2 设备全寿命管理

设备全寿命管理是指对设备从规划、设计、选型、系统布局、设备制造、购置、安装、验收、启动投产、运行、维修、更新改造直至退役报废等的全过程实行的计划、组织、协调、控制等工作。

设备全寿命管理的目的是达到设备寿命周期费用最经济、运行最可靠、综合经济效益最高，同时将设备的运行情况及时反馈到基建安装、设计制造、规划选型部门，不断改进产品的质量和应用场景，提高设备性能和可靠性，进一步提升设备的使用效率。一般可以从技术、经济、管理三个侧面对设备全寿命管理进行展开。

（1）技术侧面。

从物的角度控制管理活动，对设备硬件进行技术处理，其主要组成因素有：① 设备的设计和制造技术；② 设备诊断技术和状态检修技术；③ 设备维修保养、大修、改造技术。

（2）经济侧面。

从费用角度控制管理活动，对设备运行的经济价值的考核，其主要组成因素有：① 设备规划、投资和购置的决策；② 设备能源成本分析；③ 设备维修、改造、更新迭代的经济性评价；④ 设备折旧。

（3）管理侧面。

从人的角度控制管理活动，即从管理措施方面进行控制，其主要组成因素有：① 设备规划购置管理；② 设备使用维修管理；③ 设备信息管理。

全寿命周期一般可以分为规划设计、基本建设、运维检修和技改报废四个阶段。设备全寿命周期管理要做到全寿命、全过程，贯穿寿命周期的各个阶段。设备全寿命周期各阶段如表 1-1 所示。

表 1-1　　　　　　　　　　　设备全寿命周期各阶段

阶段	规划设计	基本建设	运维检修	技改报废
任务	项目立项	招标采购	运行检测	技术改造
	资产规划	工程建设	维护检修	资产退役处置
	初设设计	设备转资	状态评估	
负责部门	发展策划部门	基建部门	设备管理部门	设备管理部门
	设备管理部门	监理部门	设备运检单位	设备运检单位
		设备管理部门		财务部门

设备全寿命周期各阶段具体展开如下所叙。

1.2.1 规划设计阶段

根据全寿命管理的理念，编制设备项目的初步设计文件和概算，运用全寿命周期分析的方法，比选最优方案。从项目前期开始就把好设备选型、设备布置、安装调试、验收启动关，确保设备质量可靠，为新设备投产后的稳定运行打下坚实的基础。设备运维检修单位与设备基本建设单位应共同配合，做好这项工作。

1.2.2 基本建设阶段

重点工作是电力设备的采购与安装。工程项目管理部门应重点做好工程的安全、质量、进度的监督和工程建设技术经济管理，审核工程项目的各类施工、监理方案文件，规范有序按图施工，确保建设过程的可控、在控。加强在基本建设阶段的设备缺陷管理和分析工作，重点抓好主设备和薄弱环节的管理，发现异常及时整改，做好记录并反馈物资设备供应商。凡属威胁设备及人身安全的重大异常，应迅速查明原因，正确判断，及时处理。认真建立和完善设备的台账、图纸和技术档案资料，设置专人管理，保持台账的完整性、连续性，及时完整地向运行维护人员进行移交。

1.2.3 运维检修阶段

运行设备要贯彻预防为主、维护保养与计划检修并重的方针。精心维护保养、自觉爱护设备，延长其使用寿命，使其长期保持可靠、经济、稳定、满发状态，充分发挥其效能。在运行维护阶段，生产部门应首先做好设备相关基础数据的收集整理工作，形成系统完整的设备台账资料。对设备开展日常的维护和状态评价，并根据设备状态的需要，编制合理的设备检修更新计划，降低运行维护成本的同时，延长设备的使用寿命。开展设备运行维护和检修人员的技能培训，提高设备运检人员的技术技能水平，开展标准化作业管理，集约检修资源，进一步减少停电作业时间，提升现场作业效率。开展针对不同种类设备特点的研究，对设备寿命变化的内在规律进行挖掘，利用各类在线监测手段，对设备开展状态检测，实现设备的状态检修。定期按照规定开展设备评级，尤其是设备大、小修后，必须对设备进行评级，以确定设备健康水平，确保设备安全运行。

1.2.4 技改报废阶段

通过对设备资产从技术和经济两方面开展状态评估，根据评估的结果来确定是否需要对设备进行改造或退役。同时，针对退役设备可以有转为备品、评估转让或者报废处理等方案供选择使用。

1.3 变电运检标准体系

设备主人执行的变电运检标准体系，主要是指以《国家电网公司变电运维检修管理办法（试行）》与《国家电网公司变电验收管理规定（试行）》《国家电网公司变电运维管理规定（试行）》《国家电网公司变电检测管理规定（试行）》《国家电网公司变电评价管理规定（试行）》《国家电网公司变电检修管理规定（试行）》及对应的实施细则（简称国网五通）等为主体组成的一整套体系。同时，设备主人还要执行调度专业、二次专业各类关于设备运行的规程规定，安全生产相关法律法规，以及上述法律法规、制度细则的补充实施意见，各类设备、建筑的技术规范要求等。

1.4　变电设备主人制实施的推进过程

变电设备主人工作实施应按照"安全第一、稳步推进、重点突破、总结提升"的原则，全面推进变电设备主人制的落地实施，进一步强化变电运检专业人员的履职尽责意识，提高人员技术技能水平，提升变电设备管理水平。

（1）安全第一。在管理变革与技术创新过程中，必须要坚持"安全第一"的原则，始终将安全生产和队伍稳定作为设备主人工作深化实施的基础和前提。强化工程项目和电网风险的管控，保障电网安全；强化作业现场的安全管控，保障人身安全；强化设备状态的管控，保障设备安全；强化技术应用及信息内网管控，保障信息安全。

（2）稳步推进。在前期整合专业优势力量开展变电设备主人核心团队建设的基础上，以点带面、循序渐进，强化全员设备主人意识，巩固实施大班组制及值班模式优化调整，深入推进智能运检技术应用，提升变电设备全寿命周期各个环节的设备主人履职尽责能力，全面推进设备主人各项业务的标准化实施，不断提升设备运检人员的技术技能水平。

（3）重点突破。以班组为落脚点和突破点，通过构建履行设备主人要求的运检班组，推进设备主人理念的落地。运检班组是设备全寿命周期管理的落实机构和责任主体，全面开展运维、检修、检测、评价、验收等设备全寿命周期管控业务，提升设备主人在设备全寿命周期管理各环节中的主动权和话语权。

（4）总结提升。在运维班组稳步推进和运检班组重点突破的基础上，不断分析问题、总结经验，通过规章制度健全、业务流程固化、设备智能化提升、保障机制完善等，坚持管理上的变革和技术上的创新两方面工作齐头并进，在各单位逐步推进变电运检班组建设，形成变电运检班组（全科医生）+专业化检修中心（专科医生）的协同作业模式，提升变电运检专业的核心竞争力，全面构建设备主人体系。

第 2 章

工程项目管控

2.1　工程项目管控业务内容

设备主人工程项目管控业务主要包括基建工程管控和变电技改工程管控两大内容。设备主人主要工作是参与这两大工程全过程管理，做到提前发现问题、隐患，提出整改意见、建议，为变电设备全寿命管理提供安全保障。

2.1.1　基建工程管控

变电站基建工程验收，主要包括可研初设审查、厂内验收、到货验收、隐蔽工程验收、中间验收、竣工（预）验收、启动验收七个关键环节。

验收方法可采取多种形式进行，总的来说主要包括资料检查、旁站见证、现场检查和现场抽查四种形式，可结合工程实际情况选取多种方式的结合，不建议选取单一方式进行验收。

资料检查指对全部安装的设备资料进行统一、详细检查，确定设备的合格性、完整性、真实性，相关设备的安装及其试验数据必须满足有关导则、技术要求，在安装调试前应有统一的数据记录，方便安装调试后数值的对比，确保安装前后的一致性，不能发生较大的变化。

旁站见证主要是指对工程全过程完成情况的监督，见证的内容包括但不限于关键工艺、关键工序、关键部位和重点试验等类型，尤其针对隐蔽工程的关键部位应进行必要的见证，并且采取一定的措施进行记录，留下见证痕迹。

现场抽查在工程安装调试结束之后进行的验收方法，根据工程量情况按一定的比例对设备、试验项目开展抽查，通过抽查的设备完成情况、质量来判断其余设备的安装调试是否满足运行要求、达到验收标准。

2.1.2　变电站技改工程管控

变电站技改工程验收，主要包括可研初设审查、厂内验收、到货验收、隐蔽工程验收、中间验收、竣工验收六个关键环节。

验收方法可采取多种形式进行，总的来说主要包括资料检查、旁站见证、现场检查和现场抽查四种形式,可结合工程实际情况选取多种方式的结合,不建议选取单一方式进行验收。

资料检查指对全部安装的设备资料进行统一、详细检查,确定设备的合格性、完整性、真实性,相关设备的安装及其试验数据必须满足有关导则、技术要求,在安装调试前应有统一的数据记录,方便安装调试后数值的对比,确保安装前后的一致性,不能发生较大的变化。

旁站见证主要是指对工程全过程完成情况的监督,见证的内容包括但不限于关键工艺、关键工序、关键部位和重点试验等类型,尤其针对隐蔽工程的关键部位应进行必要的见证,并且采取一定的措施进行记录,留下见证痕迹。

现场抽查在工程安装调试结束之后进行的验收方法,根据工程量情况按一定的比例对设备、试验项目开展抽查,通过抽查的设备完成情况、质量来判断其余设备的安装调试是否满足运行要求、达到验收标准。

2.2 工程项目管控业务实施要点

设备主人参与工程项目全过程管控,全过程参与或收集各阶段资料,做好每个关键环节的验收,及时反馈问题至相关部门或单位协调解决,强化痕迹化管控和责任落实,确保工程项目的质量、安全。设备主人应根据《变电站设备验收规范》等规程规范,做好可研初设审查、关键点见证和各类工程验收等工作。

2.2.1 基建工程验收要点

1. 可研初设审查

(1)主要内容审查要点。对可研初设主要审查要点包括系统部分、一次部分、站用交直流电源系统、辅助控制系统、土建部分、拆旧物资利用、停电实施方案七个方面,各个方面审查重点内容要求如下:

1)系统部分:① 系统接入方案;② 短路电流的计算;③ 电气设备绝缘水平的配置;④ 绝缘子串的防污要求。

2)一次部分:① 变电站电气主接线型式;② 重要的电气设备选择原则及其相关参数应满足有关运行规程的要求;③ 电气设备总平面布置;④ 设备及建筑物的防雷保护方式;⑤ 主变压器相关参数;⑥ 无功补偿装置相关要求;⑦ 选择中性点接地方式,中性点设备电气参数,对不接地系统电容电流进行评估;⑧ 断路器设备的选型及电气参数;⑨ 大型设备运输方案。

3)站用交直流电源系统:① 站用交直流一体化电源系统的相关要求;② 交直流系统接线方式;③ 蓄电池及充电设备主要参数;④ 直流负荷统计及计算;⑤ 不停电电源系统接线配置。

4)辅助控制系统:① 系统联动配合方案;② 图像监视及安全警卫子系统;③ 图像监视布置方案;④ 安全警戒设计;⑤ 火灾报警子系统方案;⑥ 环境监测子系统配置方案;⑦ 其他辅助电气设施方案。

5）土建部分：① 站址所处位置、站址地理状况和相关交通运输条件；② 站区地层分布、地质构造，土壤情况；③ 站外出线走廊规划、绿化设施等布置方案、站区主要出入口与站外主道路的衔接及设备运输情况；④ 主要建、构筑物建设方案；⑤ 站区所采取的抗震烈度；⑥ 变电站用水解决方案。

6）拆旧物资利用情况审查。

7）停电实施方案：① 供电过渡方案应满足供电需求；② 负荷转移方案应合理且不致使其他电气设备产生过负荷。

项目可研初设评审记录（模板）如表 2-1 所示。

表 2-1　　　　　　　　　　项目可研初设评审记录（模板）

项目名称						
建设管理单位		建设管理单位联系人				
设计单位		设计单位联系人				
参如评审运检单位						
参加评审人员		评审日期				
序号	审查内容	存在问题	标准依据	整改建议	是否采纳（是/否）	未采纳原因

注：详细问题见各设备验收细则可研初设审查验收标准卡，验收标准卡可采用具备电子签名的 PDF 电子版或签字扫描版。

（2）主要设备验收要点。表2-2为变压器初设审查验收要点，作为参考。

表2-2   变压器初设审查验收要点

序号	验收要点
1	主变接线组别应与接入电网一致
2	主变各侧容量比应符合标准参数要求
3	短路阻抗: （1）审查短路电流计算报告，阻抗选择应满足系统短路电流控制水平; （2）短路阻抗不能满足短路电流控制要求，应考虑采取短路电流限制措施，如低压侧加装串联电抗器; （3）扩建主变的阻抗与运行主变阻抗应保持一致
4	外绝缘爬距: （1）套管爬距应依据最新版污区分布图进行外绝缘配置; （2）户内非密封设备外绝缘与户外设备外绝缘的防污闪配置级差不宜大于一级; （3）中性点不接地系统的设备外绝缘配置至少应比中性点接地系统配置高一级，直至达到e级污秽等级的配置要求
5	调压方式选择根据无功电压计算，选择适当的有载/无励磁调压方式
6	冷却方式优先选用自然油循环风冷或自冷方式的变压器
7	消防设施125MVA容量以上变压器应配置专用消防装置
8	运输道路运输方案是否可行，道路是否经过勘查
9	事故油池设置是否合理
10	过电压保护变压器各侧应配置过电压保护，特别关注变压器低压侧中性点应配置过电压保护装置

2. 厂内验收

（1）出厂验收内容。

1）检查设备的见证报告，见证报告内容应包括合同所规定的项目，且满足合同要求。

2）相关附件应能满足实际使用，且有整体预装的相关要求，确保附件能进行完整性安装。

3）检查组部件、材料、安装结构、试验项目是否符合技术要求。

4）是否满足现场运行、检修要求。

5）有完成的出厂试验结果，且每一项试验结果满足相关规程、技术规范的要求。

6）特殊试验项目必须有相关说明，并且必须提供合格试验报告。

7）出厂验收不合格产品不予以进行到货签收。出厂验收记录如表2-3所示。

表2-3   出厂验收记录（模板）

项目名称			
建设管理单位		建设管理单位联系人	
物资部门		物资部门联系人	
供应商名称		供应商联系人	
设备型号		生产工号	
参加出厂验收单位			
参加验收人员			
开始时间		结束时间	

序号	验收内容	问题描述（可附图或照片）	整改建议	是否已整改（是/否）

注：详细问题见各设备验收细则出厂验收标准卡，验收标准卡可采用具备电子签名的 PDF 电子版或签字扫描版。

（2）主要设备验收要点。表 2-4 为变压器出厂验收要点，作为参考。

表 2-4　　　　　　　　　　　　变压器出厂验收要点

序号	验收要点
1	预装所有组部件应按实际供货件装配完整
2	防雨罩户外变压器的气体继电器（本体、有载开关）、油流速动继电器、温度计均应装设防雨罩
3	标志齐全： （1）阀应有开关位置指示标志； （2）取样阀，注、放油阀等均应有功能标志； （3）端子箱、冷却装置控制箱内各空气开关、继电器标志正确、齐全； （4）铁芯、夹件标示正确
4	组部件： （1）产品与技术规范书或技术协议中厂家、型号、规格一致； （2）主要元器件应短路接地
5	铭牌正确完整： （1）变压器主铭牌内容完整； （2）油温、油位曲线标志牌完整； （3）油号标志牌正确完整
6	螺栓具备防松动措施： （1）全部紧固螺栓均应采用热镀锌螺栓，具备防松动措施； （2）导电回路应采用 8.8 级热镀锌螺栓（不含箱内）
7	采用软连接的部位： （1）中性点套管之间； （2）铁芯、夹件小套管引出部位； （3）平衡绕组套管之间

3．到货验收

（1）验收要点。

1）到货验收应针对货物质量开展重点检查，防止运输过程中产生的设备损坏。

2）检查设备运输过程记录，对设备外包装有破损的设备应重点检查，并对设备保护措施进行检查，确保设备没有在运输过程中受到外力破坏而产生的损坏。

3）设备达到现场后，人身核查相关记录数据的完整性，求其核对数据是否超过相关规程的要求。

4）设备运输应严格遵照设备技术规范和制造厂家要求。

5）核查设备所包含的主要部分、附件等供货合同一致。

6）设备的各种资料、技术参数齐全完整。

到货验收记录如表 2-5 所示。

表2-5　　　　　　　　　　　　　到货验收记录（模块）

项目名称				
建设管理单位		建设管理单位联系人		
设备型号		出厂编号		
供应商名称		供应商联系人		
参加到货验收单位				
参加验收人员				
验收日期				

序号	验收内容	问题描述（可附图或照片）	整改建议	是否已整改（是否）

注：详细问题见各设备验收细则到货验收标准卡，验收标准卡可采用具备电子签名的 PDF 电子版或签字扫描版。

（2）主要设备到货验收要点。表 2-6 为变压器到货验收要点，作为参考。

表 2-6　　　　　　　　　　　　　　变压器到货验收要点

序号	验收要点
1	油箱及所有附件应齐全，无锈蚀及机械损伤，密封应良好
2	检查三维冲击记录仪应具有时标且有合适量程，设备在运输及就位过程中受到的冲击值，应符合制造厂规定或小于 3g
3	套管及升高座： （1）套管外表面无损伤、裂痕，充油套管无渗漏； （2）套管升高座（TA 安装在内）不随主油箱运输而单独运输时，内腔应抽真空后充以变压器油或压力 0.01～0.03MPa 的干燥空气
4	冷却器： （1）应有防护性隔离措施或采用包装箱； （2）所有接口法兰应用钢板良好封堵、密封； （3）放气塞和放油塞要密封紧固
5	组部件、备件组部件、备件应齐全，规格应符合设计要求，包装及密封应良好
6	备品备件、专用工具和仪表单独包装，并明显标记。数量齐全，符合技术协议要求
7	螺栓变压器在现场组装安装需用的螺栓和销钉等，应多装运 10%
8	变压器绝缘油符合招标要求
9	图纸： （1）外形尺寸图（包括吊装图及顶启图）； （2）附件外形尺寸图； （3）套管安装图； （4）二次展开图及接线图； （5）铭牌图
10	技术资料： （1）变压器出厂例行试验报告； （2）变压器型式试验和特殊试验报告； （3）组部件说明书、试验报告； （4）变压器安装使用说明书

4. 隐蔽工程验收

（1）隐蔽工程验收要点。

1）隐蔽工程验收必须保留验收痕迹，验收过程最好有相关视频、录像记录。

2）隐蔽工程验收主要项目：① 变压器器身检查；② 变压器（电抗器）冷却器密封试验；③ 变压器（电抗器）密封试验；④ 组合电器设备封盖前检查；⑤ 高压配电装置母线隐蔽前检查；⑥ 站用高、低压配电装置母线隐蔽前检查；⑦ 直埋电缆（隐蔽前）检查；⑧ 屋内、外接地装置隐蔽前检查；⑨ 避雷针及接地引下线检查。

隐蔽工程验收记录如表 2-7 所示。

表 2-7 隐蔽工程验收记录（模板）

项目名称				
建设管理单位		建设管理单位联系人		
验收项目				
施工单位名称		施工单位联系人		
参加验收单位				
参加验收人员				
开始时间		结束时间		
序号	验收内容	问题描述（可附图或照片）	整改建议	是否已整改（是/否）

注：详细问题见各设备验收细则隐蔽工程验收标准卡，验收标准卡可采用具备电子签名的 PDF 电子版或签字扫描版。

（2）主要设备隐蔽工程验收要点。表 2-8 为变压器隐蔽工程验收要点，作为参考。

表 2-8　　　　　　　　　　　　变压器隐蔽工程验收要点

序号	验收要点
1	铁芯检查验收： （1）器身紧固； （2）铁芯无变形； （3）铁芯无多点接地； （4）打开铁芯屏蔽接地引线，屏蔽绝缘符合产品技术文件要求
2	线圈检查验收： （1）线圈检查打开夹件与线圈连接片的连线，检查压钉绝缘符合产品技术文件要求； （2）绕组绝缘层完整，无缺损、变位现象； （3）各绕组应排列整齐，间隙均匀，油路无堵塞； （4）绕组的压钉应紧固，防松螺母应锁紧； （5）绝缘屏障应完好，且固定牢固，无松动现象； （6）绝缘围屏绑扎牢固，围屏上所有线圈引出处的封闭符合产品技术文件要求
3	其他部件检查验收： （1）分接开关检查无励磁调压切换装置各分接头与线圈的连接紧固正确； （2）无励磁开关各分接头清洁，且接触紧密，弹力良好； （3）无励磁开关各分接头所有接触到的部分，用 0.05mm×10mm 塞尺检查，应塞不进去； （4）无励磁开关转动接点应正确地停留在各个位置上，且与指示器所指位置一致； （5）无励磁开关切换装置的拉杆、分接头凸轮、小轴、销子等应完整无损

5. 中间验收

（1）中间验收要点。

1）中间验收分为主要建（构）筑物基础基本完成、土建交付安装前、投运前（包括电气安装调试工程）等三个阶段。

2）中间验收前，应完成需验收内容的施工单位三级自检及监理初检。

3）中间验收所发现的电气安装的问题必须及时进行整改，在整改为达到要求时，后续安装工作不能继续进行，必须全部整改后方可开始后续工作。

中间验收记录如表 2-9 所示。

表 2-9　　　　　　　　　　　　中间验收记录（模板）

项目名称			
建设管理单位		建设管理单位联系人	
验收项目			
施工单位名称		施工单位联系人	
参加验收单位			
参加验收人员			
开始时间		结束时间	

序号	验收内容	问题描述（可附图或照片）	整改建议	是否已整改（是/否）

注：详细问题见各设备验收细则中间验收标准卡， 验收标准卡可采用具备电子签名的 PDF 电子版或签字扫描版。

（2）主要设备中间验收要点。表 2−10 为变压器中间验收要点，作为参考。

表 2−10　　　　　　　　　　　　变压器中间验收要点

序号	验收要点
1	高中压套管安装验收： （1）升高座安装，二次接线板及端子密封完好，无渗漏，清洁无氧化； （2）二次引线连接螺栓紧固、接线可靠、二次引线裸露部分不大于 5mm； （3）套管瓷套外观清洁，无损伤，无渗油，油位正常； （4）放气塞位于套管法兰最高处，无渗漏； （5）末屏检查接地可靠； （6）法兰密封垫安装正确，密封良好，法兰连接螺栓齐全，紧固； （7）引出线与套管连接接触良好、连接可靠、套管顶部结构密封良好； （8）均压环表面应光滑无划痕，安装牢固且方向正确，均压环易积水部位最低点应有排水孔
2	低压套管安装验收： （1）外观清洁，无损伤； （2）放气塞在套管最高处，无渗漏； （3）绕组引线与套管连接螺栓紧固
3	分接开关安装验收： （1）无励磁分接开关顶盖、操作机构挡位指示一致； （2）传动连杆安装正确，转动无卡阻； （3）触点接触良好； （4）直流电阻和变比测量的数值与挡位相符

续表

序号	验收要点
4	吸湿器安装验收： （1）吸湿器外观检查密封良好，无裂纹； （2）吸湿器塑料布包装、密封等已解除，确保呼吸畅通； （3）安装连通管整体清洁、无堵塞、无锈蚀，与储油柜旁通阀门关闭正确； （4）连接法兰密封垫安装正确，密封良好，法兰连接螺栓齐全，紧固
5	压力释放装置安装验收： （1）外观检查校验合格，内部检查无杂物、无污迹、无渗漏，防雨措施可靠； （2）安全管道将油引导至离地面 500mm 高处，喷口朝向鹅卵石，并且不应靠近控制柜或其他附件； （3）法兰连接螺栓紧固，无渗漏； （4）阀盖及弹簧无变动，定位装置在变压器运行前拆除； （5）电触点检查动作准确，绝缘良好
6	气体继电器安装验收： （1）安装前检查外观清洁、完好，试验及校验合格，运输用的固定措施已解除； （2）气体继电器应在真空注油完毕后再安装； （3）继电器水平安装，箭头标志指向储油柜，连接密封严密； （4）继电器加装防雨罩； （5）集气盒无气体、无渗漏，管路无变形、无死弯
7	测温装置安装验收： （1）温度计校验合格； （2）表计密封良好、无凝露； （3）就地与远方温度显示基本一致，偏差小于 5℃； （4）温度计座内应注以变压器油，密封应良好，无渗油现象； （5）闲置的温度计座也应密封，不得进水
8	冷却器安装验收： （1）冷却器、外接油管路用合格的绝缘油经净油机循环冲洗干净，并将残油排尽； （2）散热器安装顶部放气孔位置靠近阀门，散热器间隙均匀，围铁连接牢固； （3）支座及拉杆调整法兰面平行、密封垫居中、不偏心、受压； （4）所有法兰连接螺栓紧固，无渗漏； （5）阀门操作灵活，开闭位置正确； （6）外接管路流向标志正确，安装位置偏差符合要求； （7）风扇安装牢固，运转平稳无卡阻，转向正确，叶片无变形

6. 竣工（预）验收

（1）竣工（预）验收要点。

1）施工单位必须首先进行自检，至少进行三级自检，并对每一级自检出具相关报告。

2）监理单位根据施工单位竣工情况开展验收，并提供完整的监理报告。

3）现场设备生产准备完成。

4）现场应具备各类生产辅助设施。

5）各种图纸资料、试验记录等完整齐全，达到投产运行的要求。

6）设备的技术资料（包括设备订货相关文件、设计联络文件、监造报告、设计图纸资料、供货清单、使用说明书、备品备件资料、出厂试验报告等）齐全。

竣工（预）验收记录如表 2-11 所示。

表 2-11 竣工（预）验收记录（模板）

序号	设备类型	安装位置/运行编号	问题描述（可附图或照片）	整改建议	发现人	发现时间	整改情况	复验结论	复验人	备注（属于重大问题的，注明联系单编号）

注：详细问题见重大问题联系单、各设备验收细则竣工（预）验收标准卡或前期各阶段验收卡，验收标准卡可采用具备电子签名的 PDF 电子版或签字扫描版。

（2）主要设备竣工（预）验收要点。表 2-12 为变压器竣工（预）验收要点，作为参考。

表 2-12 变压器竣工（预）验收要点

序号	验收要点
1	外观检查表面干净无脱漆锈蚀，无变形
2	铭牌设备出厂铭牌齐全、参数正确
3	相序标志清晰正确
4	瓷套表面无裂纹，清洁，无损伤，注油塞和放气塞紧固，无渗漏油；油位计就地指示应清晰，油位正常
5	末屏检查套管末屏密封良好，接地可靠
6	升高座法兰连接紧固、放气塞紧固
7	二次接线盒密封良好，二次引线连接紧固、可靠，内部清洁；电缆备用芯加装保护帽；备用电缆出口应进行封堵
8	无励磁分接开关顶盖、操动机构挡位指示一致；操作灵活，切换正确，机械操作闭锁可靠
9	储油柜外观检查外观完好，部件齐全，各联管清洁、无渗漏、污垢和锈蚀

续表

序号	验收要点
10	胶囊气密性呼吸通畅
11	油位计反映真实油位，油位符合油温油位曲线要求，油位清晰可见，便于观察；油位表的信号接点位置正确、动作准确，绝缘良好
12	外观密封良好，无裂纹，吸湿剂干燥、自上而下无变色，在顶盖下应留出 1/5～1/6 高度的空隙，在 2/3 位置处应有标示
13	安全管道将油导至离地面 500mm 高处，喷口朝向鹅卵石，并且不应靠近控制柜或其他附件
14	电器安装继电器上的箭头标志应指向储油柜，无渗漏，无气体，芯体绑扎线应拆除，油位观察窗挡板应打开
15	继电器防雨、防震户外变压器加装防雨罩，本体及二次电缆进线 50mm 应被遮蔽，45°向下雨水不能直淋
16	温度指示现场多个温度计指示的温度、控制室温度显示装置或监控系统的温度应基本保持一致，误差不超过 5K
17	冷却器两路电源任意一相缺相，断相保护均能正确动作，两路电源相互独立、互为备用
18	外壳接地两点以上与不同主地网格连接，牢固，导通良好，截面符合动热稳定要求。变压器本体上、下油箱连接排螺栓紧固，接触良好
19	中性点接地套管引线应加软连接，使用双根接地排引下，与接地网主网格的不同边连接，每根引下线截面积符合动热稳定校核要求
20	在线净油装置完好，部件齐全，各联管清洁、无渗漏、无污垢和无锈蚀；进油和出油的管接头上应安装止回阀；连接管路长度及角度适宜，使在线净油装置不受应力

7. 启动验收

（1）启动投运。

1）验收及消缺完成后，具备启动条件，经工程启动委员会批准投运。

2）启动期间，对设备、分系统与电力系统及其自动化设备的配合协调性能进行的全面试验和调整。

3）试运行期间（不少于 24h），由运维单位、参建单位对设备进行巡视、检查、监测和记录。

4）试运行完成后，运维单位、参建单位对各类设备进行一次全面的检查，并对发现的缺陷和异常情况进行处理，由验收组再行验收。

5）办理设备移交手续前，由建设管理单位（部门）和运维单位共同确认工程遗留问题，形成工程遗留问题记录（如表 2-13 所示），落实责任单位及整改计划，运维单位跟踪复验。

表 2-13　　　　　　　　　　　工程遗留问题记录（模板）

工程项目名称			
建设管理单位（部门）	（盖章）	运维管理单位	（盖章）
建设管理单位（部门）联系人		运维管理单位联系人	
投运日期			
遗留问题记录清单			

序号	问题描述（可附图或照片）	整改责任单位	限期完成日期

注 一式两份，建设管理单位（部门）、运维单位（部门）各留存一份。

（2）主要启动验收要点。表 2-14 为变压器启动验收要点，作为参考。

表 2-14 变压器启动验收要点

序号	验收要点
1	直流电阻投运前根据调度要求调整分接档位后，应测量对应档位绕组直流电阻与交接试验数值无明显变化
2	本体各部分无渗漏、无放电现象
3	油位本体、有载开关及套管油位无异常变化
4	压力释放阀无压力释放信号，无异常
5	气体继电器无轻重瓦斯信号，气体内无集气现象
6	温度计现场温度指示和监控系统显示温度应保持一致，最大误差不超过 5K。单相变压器的不同相别变压器温度差不超过 10K
7	吸湿器呼吸正常
8	铁芯接地电流 750kV 及以下主变压器应小于 100mA，1000kV 主变压器应小于 300mA
9	声音无异常
10	红外测温无异常发热点
11	油色谱冲击合闸及额定电压运行 24h 后油色谱无异常变化
12	励磁涌流波形分析，励磁涌流正常

2.2.2　变电站技改工程验收要点

1. 可研初设审查

（1）主要内容审查要点。

1）改造项目部分：① 改造的必要性；② 改造方案是否符合现场情况。

2）一次部分：① 变电站电气主接线型式；② 重要的电气设备选择原则及其相关参数应满足有关运行规程的要求；③ 电气设备总平面布置；④ 设备及建筑物的防雷保护方式；⑤ 主变压器相关参数；⑥ 无功补偿装置相关要求；⑦ 选择中性点接地方式，中性点设备电气参数，对不接地系统电容电流进行评估；⑧ 断路器设备的选型及电气参数；⑨ 大型设备运输方案。

3）拆旧物资利用情况审查。

4）停电实施方案：① 供电过渡方案应满足供电需求；② 负荷转移方案应合理且不致使其他电气设备产生过负荷。

（2）主要设备验收要点。表 2-15 为组合电器初设审查验收要点，作为参考。

表 2-15　　　　　　　　　　　组合电器初设审查验收要点

序号	验收要点
1	组合电器选型： （1）组合电器在设计过程中应特别注意气室的划分； （2）用于低温（最低温度为 -30℃ 及以下）、重污秽 E 级或沿海 D 级地区、城市中心区的 220kV 及以下电压等级组合电器，宜采用户内安装方式； （3）户外布置的母线、分支距离较长时，应充分考虑筒体的伸缩； （4）组合电器选型应充分考虑海拔、温度等特殊气候要求
2	额定、开断电流、电压额定、开断电流满足规划要求，额定电压满足工程要求
3	接线方式设计要求按终期规模将母联、分段间隔相关一、二次设备全部投运
4	组合电器隔离开关气室设置第一条对双母线结构的组合电器，同一出线间隔的不同母线隔离开关应各自设置独立隔室
5	组合电器断路器和电流互感器气室设置断路器和电流互感器气室间应设置隔板（盆式绝缘子）
6	避雷器与线路电压互感器设置架空进线线路间隔的避雷器与电压互感器宜采用外置结构
7	盆式绝缘子为非金属封闭、金属屏蔽但有浇注口；可采用带金属法兰的盆式绝缘子，但应预留窗口，预留浇注口盖板宜采用非金属材质
8	套管外绝缘满足当地污秽等级要求
9	汇控柜/机构箱： （1）户外设备汇控柜或机构箱应满足 IP44 防护等级要求，柜体应设置可使柜内空气流通的通风口； （2）温、湿度控制器等二次元件应采用阻燃材料，取得 3C 认证； （3）室外汇控柜加装空调降温装置
10	伸缩节： （1）组合电器配置伸缩节的位置和数量应充分考虑各种因素； （2）伸缩节选型应充分考虑母线长度及热胀冷缩影响，优先选用温度补偿型和压力平衡型伸缩节； （3）提供伸缩节温度补偿参数

序号	验收要点
11	密度继电器: (1) 密度继电器与组合电器本体之间的连接方式应满足不拆卸校验的要求; (2) 220kV 及以上分箱结构的断路器每相应安装独立的密度继电器; (3) 户外安装的密度继电器应安装防雨罩; (4) 应采用防振型密度继电器; (5) 充/取气口位置应考虑检修维护便捷,且接口型号规格应统一
12	局部放电传感器 220kV 及以上电压等级组合电器应加装内置局部放电传感器
13	压力释放装置带有压力释放装置的组合电器,压力释放装置的喷口不能朝向巡视通道,必要时加装喷口弯管
14	检修通道是否满足现场运维检修需求

2. 厂内验收

(1) 关键点见证条件及要求。

1) 检查设备的见证报告,见证报告内容应包括合同所规定的项目,且满足合同要求。

2) 相关附件应能满足实际使用,且有整体预装的相关要求,确保附件能进行完整性安装。

3) 检查组部件、材料、安装结构、试验项目是否符合技术要求。

4) 是否满足现场运行、检修要求。

5) 有完成的出厂试验结果,且每一项试验结果满足相关规程、技术规范的要求。

6) 特殊试验项目必须有相关说明,并且必须提供合格试验报告。

7) 出厂验收不合格产品不予以进行到货签收。

(2) 主要设备验收要点。表 2-16 为组合器出厂验收要点,作为参考。

表 2-16 组合器出厂验收要点

序号	验收要点
1	预装所有组部件应装配完整
2	伸缩节及波纹管检查: (1) 检查调整螺栓间隙是否符合厂方规定,一般为 2mm 间隙; (2) 应对运行中起调整作用的伸缩节在出厂时进行明确标志
3	各气室 SF_6 气体压力符合厂家出厂充气压力要求
4	密度继电器及连接管路: (1) 一个独立气室应装设密度继电器,严禁出现串联连接或通过阀门连接; (2) 密度继电器应当与本体安装在同一运行环境温度下,不得安装在机构箱内; (3) 各密封管路阀门位置正确,阀门有明显的关合、开启位置指示,户外密度继电器必须有防雨罩,防雨罩应能将表、控制电缆接线端子一起放入; (4) 应采用防震型密度继电器
5	铭牌: (1) 组合电器壳体、断路器、隔离开关、电流互感器、电压互感器、避雷器等功能单元应有独自的铭牌标志,其出厂编号为唯一并可追溯; (2) 应确保操动机构、盆式绝缘子、绝缘拉杆、支撑绝缘子等重要核心组部件具有唯一识别编号,以便查找和追溯
6	螺栓: (1) 全部紧固螺栓均应采用热镀锌螺栓; (2) 导电回路应采用 8.8 级热镀锌螺栓; (3) 螺栓应采取可靠防松措施

续表

序号	验收要点
7	汇控柜： （1）汇控柜柜门应密封良好，柜门有限位措施，回路模拟线无脱落，可靠接地，柜门无变形； （2）户外用组合电器的机构箱盖板、汇控柜门应具备优质的密封防水性，且观察窗不应采用有机玻璃或强化有机玻璃
8	本体、机构、支架、轴销、传动杆检查安装牢固、外表清洁完整，支架及接地引线无锈蚀和损伤，瓷件完好清洁，基础牢固，水平垂直误差符合要求
9	盆式绝缘子颜色标示隔断盆式绝缘子标示红色，导通盆式绝缘子标示为绿色
10	连线引线及接地： （1）连接可靠且接触良好并满足通流要求，接地良好，接地连片有接地标志； （2）接地回路应采用不小于 M16 螺栓； （3）盆式绝缘子两侧应安装等电位跨接线
11	驱潮、加热装置： （1）满足机构箱、汇控柜运行环境要求； （2）应采用长寿命、易更换的加热器； （3）加热装置应设置在机构箱的底部，并与机构箱内二次线保持足够的距离
12	断路器、隔离开关分、合闸操作： （1）动作正确，指示正常，便于观察； （2）隔离开关的二次回路严禁具有"记忆"功能
13	断路器、隔离开关机构检查： （1）密封良好，电缆口应封闭，接地良好，电动机运转良好，分合闸闭锁良好； （2）断路器计数器必须是不可复归型； （3）同一间隔的多台隔离开关的电动机电源，必须设置独立的开断设备

3. 到货验收

（1）到货验收要点。

1）到货验收应针对货物质量开展重点检查，防止运输过程中产生的设备损坏。

2）检查设备运输过程中记录，对设备外包装有破损的设备应重点检查，并对设备保护措施进行检查，确保设备没有在运输过程中受到外力破坏而产生的损坏。

3）设备达到现场后，人身核查相关记录数据的完整性，求其核对数据是否超过相关规程的要求。

4）设备运输应严格遵照设备技术规范和制造厂家要求。

5）核查设备所包含的主要部分、附件等供货合同一致。

6）设备的各种资料、技术参数齐全完整。

（2）主要设备到货验收要点。表 2-17 为组合器到货验收要点，作为参考。

表 2-17　　　　　　　　　　　组合器到货验收要点

序号	验收要点
1	运输过程检查： （1）运输中如出现冲击加速度大于 3g（三维冲撞记录仪）或不满足产品技术文件要求的情况，产品运至现场后应打开相应隔室检查各部件是否完好，必要时可增加试验项目或返厂处理； （2）运输和存储时气室内应保持 0.02～0.05MPa 的微正压
2	组合电器落地检查组合电器外观无异常、无锈蚀损伤
3	套管外表面无损伤、裂痕

序号	验收要点
4	绝缘件和导体： （1）绝缘件和导体表面无损伤、裂纹、无凸起、无异物； （2）导体镀银层应光滑、无斑点； （3）绝缘件和导体包装完整，应有防潮措施； （4）吊装、转运过程中应做好防护、加强运输过程中的加速度监测
5	密封件应有可靠防潮措施，为厂家原包装，且无损伤、完好
6	组部件、备件： （1）组部件、备件应齐全，规格应符合设计要求，包装及密封应良好； （2）备品备件、专用工具和仪表应随组合电器同时装运，但必须单独包装，并明显标记； （3）组合电器在现场组装安装需用的螺栓和销钉等，应多装运10%
7	图纸： （1）外形尺寸图（包括吊装图及顶启图）； （2）附件外形尺寸图； （3）套管安装图； （4）二次展开图及接线图； （5）组合电器安装图； （6）组合电器内部结构示意图； （7）组合电器气隔图
8	技术资料制造厂家应免费随设备提供给买方下述资料： （1）组合电器出厂试验报告； （2）组合电器型式试验（特殊试验报告）； （3）组部件试验报告； （4）主要材料检验报告：密封圈检验报告、导体试验报告、绝缘件等的检验报告； （5）制造厂家对外购继电器、合分闸线圈等元器件开展的线圈阻值、动作电压、动作功率、动作时间、接点电阻及绝缘电阻等项目的测试报告
9	组合电器 SF_6 气体必须具有 SF_6 检测报告、合格证
10	本体紧固： （1）运输支撑和本体各部位应无移动变位现象，运输用的临时防护装置及临时支撑予以拆除； （2）所有螺栓紧固，并有防松措施
11	断路器各部位螺栓固定良好，二次线均匀布置、无松动，断路器与组合电器间的绝缘符合技术文件要求
12	隔离开关和接地开关检查： （1）隔离开关和接地开关各部位螺栓紧固良好； （2）隔离开关和接地开关分合闸标志是否清晰
13	电流互感器检查： （1）电流互感器各部位螺栓紧固良好，二次线均匀布置，二次侧没有开路，备用的二次绕组短路接地； （2）二次接线引线端子完整，标志清晰，二次引线端子应有防松动措施，引流端子连接牢固，绝缘良好
14	电压互感器： （1）电压互感器各部位螺栓紧固良好，二次线均匀布置，二次侧没有短路； （2）电压互感器与器身的绝缘符合产品技术文件要求； （3）检查外壳是否清洁、无异物
15	避雷器： （1）避雷器各部位螺栓紧固良好； （2）检查外壳是否清洁、无异物
16	绝缘子检查： （1）绝缘子应无损伤、划痕，检查绝缘符合产品技术文件要求； （2）有瓷瓶探伤合格报告
17	套管检查外观是否完好、无裂纹
18	导体检查导体应无损伤、划痕，表面镀银层完好无脱落，电阻值符合产品技术文件要求
19	检查密度继电器外观完好，无渗漏
20	检查密封圈应无损伤、划痕，保证其有效密封

4. 隐蔽工程验收

（1）隐蔽工程验收要点。

1）隐蔽工程验收必须保留验收痕迹，验收过程最好有相关视频、录像记录。

2）隐蔽工程验收主要项目：① 变压器器身检查；② 变压器（电抗器）冷却器密封试验；③ 变压器（电抗器）密封试验；④ 组合电器设备封盖前检查；⑤ 高压配电装置母线隐蔽前检查；⑥ 站用高、低压配电装置母线隐蔽前检查；⑦ 直埋电缆（隐蔽前）检查；⑧ 屋内、外接地装置隐蔽前检查；⑨ 避雷针及接地引下线检查。

（2）主要设备隐蔽工程验收要点。表 2-18 为组合电器隐蔽工程验收要点，作为参考。

表 2-18　　　　　　　　　　　组合电器隐蔽工程验收要点

序号	验收要点
1	组合电器对接： （1）安装牢固、外表清洁完整； （2）外壳筒体外观完好； （3）对接面、法兰密封面应无伤痕、无异物； （4）有力矩要求的紧固件、连接件，应使用力矩扳手并合理使用防松胶； （5）电气连接可靠且接触良好、接地良好、牢固无渗漏，各密封管路阀门位置正确； （6）现场安装过程中，必须采取有效的防尘措施，如移动防尘帐篷等
2	套管检查： （1）瓷套外观清洁，无损伤； （2）套管金属法兰结合面应平整，无外伤或铸造砂眼，表面涂有合格的防水胶； （3）相序符合要求； （4）检查接地可靠； （5）套管泄漏比距是否符合标准参数要求； （6）套管爬距应符合当地防污等级要求
3	套管安装： （1）法兰密封垫安装正确，密封良好，法兰连接螺栓齐全，紧固； （2）引出线顺直、不扭曲，套管不应承受额外的张力； （3）引出线与套管连接接触良好、连接可靠、套管顶部结构密封良好
4	绝缘子检查外观清洁，无损伤，试验合格
5	导体连接： （1）必须对导体是否插接良好进行检查，特别对可调整的伸缩节及电缆连接处的导体连接情况进行重点检查； （2）应严格执行镀银层防氧化涂层的清理，在检查卡中记录在案； （3）应在外部对触头位置做好标记； （4）应严格检查并确认限位螺栓可靠安装，避免漏装限位螺栓导致接触不良
6	伸缩节安装： （1）母线伸缩节的装配应符合装配工艺要求； （2）伸缩节长度满足厂家技术要求，应考虑安装时环境温度的影响，合理预留伸缩节调整量； （3）应确保罐体和支架之间的滑动结构能保证伸缩节正常动作，应严格按照伸缩节配置方案，区分安装伸缩节和补偿伸缩节，进行各位置螺栓的紧固
7	绝缘子安装： （1）绝缘子螺栓紧固良好，连接可靠； （2）重视绝缘件的表面清理，宜采用"吸一擦"循环的方式； （3）绝缘拉杆要在打开包装后的规定时间内完成装配过程；暴露在空气中时间超出规定时间的绝缘件，使用前应进行干燥处理，必要时重新进行出厂试验； （4）盆式绝缘子不宜水平布置； （5）充气口宜避开绝缘件位置，避免充气口位置距绝缘件太近，充气过程中带入异物附着在绝缘件表面； （6）绝缘拉杆连接牢固，并有防止绝缘拉杆脱落的有效措施
8	吸附剂包装完整，包装无漏气、破损
9	外观检查吸附剂真空包装无漏气、无破损

续表

序号	验收要点
10	吸附剂安装： （1）吸附剂盒应采用金属材质，且螺栓应紧固良好； （2）组合电器封盖前各隔室应先安装吸附剂； （3）吸附剂不能直接装入吸附剂盒，应装入专用的吸附剂袋后装入吸附剂盒内
11	外观检查完好，无机械损伤
12	密度继电器安装： （1）密度继电器安装前检查密封面清洁并安装牢固； （2）户外安装的密度继电器应设置防雨罩，密度继电器防雨箱（罩）应能将表、控制电缆接线端子一起放入，防止指示表、控制电缆接线盒和充放气接口进水受潮； （3）二次接线正确、固定牢固； （4）密度继电器校验接头应安装牢固、无转动； （5）需靠近巡视走道安装表计，不应有遮挡，其安装位置和朝向应充分考虑巡视的便利性和安全性，密度继电器表计安装高度不宜超过 2m（距离地面或检修平台底板）
13	密度继电器应能准确指示气体的压力，且能在气体压力变化时，发出报警、闭锁信号，密度继电器的二次线护套管在最低处必须有漏水孔

5. 中间验收

（1）中间验收要点。

1）中间验收分为主要建（构）筑物基础基本完成、土建交付安装前、投运前（包括电气安装调试工程）等三个阶段。

2）中间验收前，应完成需验收内容的施工单位三级自检及监理初检。

3）中间验收所发现的电气安装的问题必须及时进行整体，在整改为达到要求时，后续安装工作不能继续进行，必须全部整改后方可开始后续工作。

（2）主要设备中间验收要点。表 2-19 为组合器中间验收要点，作为参考。

表 2-19　　　　　　　　　　组合器中间验收要点

序号	验收要点
1	外观检查： （1）基础平整无积水、牢固，水平、垂直误差符合要求，无损坏； （2）安装牢固、外表清洁完整，支架及接地引线无锈蚀和损伤； （3）瓷件完好清洁； （4）均压环与本体连接良好，安装牢固、平正，不得影响接线板的接线；安装在环境温度零度及以下地区的均压环，宜在均压环最低处打排水孔； （5）开关机构箱机密封完好，加热驱潮装置运行正常检查；机构箱开合顺畅、箱内无异物； （6）基础牢固，水平、垂直误差符合要求； （7）横跨母线的爬梯，不得直接架于母线身上；爬梯安装应牢固，两侧设置的围栏应符合相关要求； （8）避雷器泄漏电流表安装高度最高不大于 2m
2	标志： （1）隔断盆式绝缘子标示红色，导通盆式绝缘子标示为绿色； （2）设备标志正确、规范； （3）主、母线相序标志清楚
3	接地检查： （1）底座、构架和检修平台可靠接地，导通良好； （2）支架与主地网可靠接地，接地引下线安装牢固，无锈蚀、损伤、变形； （3）全封闭组合电器的外壳法兰间应采用跨接线连接，并应保证良好通路，金属法兰的盆式绝缘子的跨接排要与该组合电器的型式报告样机结构一致； （4）接地无锈蚀，压接牢固，标志清楚，与地网可靠相连； （5）本体应多点接地，并确保相连壳体间的良好通路，避免壳体感应电压过高及异常发热威胁人身安全； （6）非金属法兰的盆式绝缘子跨接排、相间汇流排的电气搭接面采用可靠防腐措施和防松措施

续表

序号	验收要点
4	密度继电器及连接管路： （1）每一个独立气室应装设密度继电器，严禁出现串联连接；密度继电器应当与本体安装在同一运行环境温度下，各密封管路阀门位置正确； （2）密度继电器需满足不拆卸校验要求；位置便于检查巡视记录； （3）二次线必须牢靠，户外安装密度继电器必须有防雨罩，密度继电器防雨箱（罩）应能将表、控制电缆接线端子一起放入，防止指示表、控制电缆接线盒和充放气接口进水受潮； （4）220kV 及以上分箱结构断路器每相应安装独立的密度继电器； （5）所在气室名称与实际气室及后台信号对应、一致； （6）密度继电器的报警、闭锁定值应符合规定；备用间隔（只有母线侧刀闸）及母线筒密度继电器的报警接入相邻间隔； （7）充气阀检查无气体泄漏，阀门自封良好，管路无划伤； （8）SF$_6$ 气体压力均应满足说明书的要求值； （9）密度继电器的二次线护套管在最低处必须有漏水孔，防止雨水倒灌进入密度表的二次插头造成误发信号
5	伸缩节及波纹管检查： （1）检查调整螺栓间隙是否符合厂方规定，留有余度； （2）检查伸缩节跨接接地排的安装配合满足伸缩节调整要求，接地排与法兰的固定部位应涂抹防水胶； （3）检查伸缩节温度补偿装置完好，应考虑安装时环境温度的影响，合理预留伸缩节调整量； （4）应对起调节作用的伸缩节进行明确标志
6	外瓷套或合成套外表检查瓷套无磕碰损伤，一次端子接线牢固。金属法兰与瓷件胶装部位粘合应牢固，防水胶应完好
7	法兰盲孔检查： （1）盲孔必须打密封胶，确保盲孔不进水； （2）在法兰与安装板及装接地连片处，法兰和安装板之间的缝隙必须打密封胶
8	铭牌设备出厂铭牌齐全、参数正确
9	相序标志清晰正确
10	隔离、接地开关电动机构： （1）机构内的弹簧、轴、销、卡片、缓冲器等零部件完好； （2）机构的分、合闸指示应与实际相符； （3）传动齿轮应咬合准确
11	断路器液压机构： （1）机构内的轴、销、卡片完好，二次线连接紧固； （2）液压油应洁净无杂质，油位指示应正常，同批安装设备油位指示一致； （3）液压机构管路连接处密封良好，管路不应和机构箱内其他元件相碰； （4）液压机构下方应无油迹，机构箱的内部应无液压油渗漏； （5）储能时间符合产品技术要求，额定压力下，液压机构的 24h 压力降应满足产品技术条件规定（安装单位提供报告）； （6）检查油泵启动停止、闭锁自动重合闸、闭锁分合闸、氮气泄漏报警、氮气预充压力、零起建压时间应和产品技术条件相符； （7）防失压慢分装置应可靠
12	断路器弹簧机构： （1）弹簧机构内的弹簧、轴、销、卡片等零部件完好； （2）机构合闸后，应能可靠地保持在合闸位置； （3）机构上储能位置指示器、分合闸位置指示器便于观察巡视； （4）合闸弹簧储能完毕后，限位辅助开关应立即将电机电源切断； （5）储能时间满足产品技术条件规定，并应小于重合闸充电时间； （6）储能过程中，合闸控制回路应可靠断开
13	断路器液压弹簧机构： （1）机构内的轴、销、卡片完好，二次线连接紧固； （2）液压油应洁净无杂质，油位指示应正常； （3）液压弹簧机构各功能模块应无液压油渗漏； （4）电机零表压储能时间、分合闸操作后储能时间符合产品技术要求，额定压力下，液压弹簧机构的 24h 压力降应满足产品技术条件规定（安装单位提供报告）； （5）检查液压弹簧机构各压力参数安全阀动作压力、油泵启动停止压力、重合闸闭锁报警压力、重合闸闭锁压力、合闸闭锁报警压力、合闸闭锁压力、分闸闭锁报警压力、分闸闭锁压力应和产品技术条件相符

序号	验收要点
14	连线引线及接地: (1) 连接可靠且接触良好并满足通流要求,接地良好,接地连片有接地标志; (2) 连接螺栓应采用 M16 螺栓固定
15	绝缘盆子: (1) 带电检测部位检查绝缘盆子为非金属封闭、金属屏蔽但有浇注口; (2) 可采用带金属法兰的盆式绝缘子,但应预留窗口,预留浇注口盖板宜采用非金属材质,以满足现场特高频带电检测要求
16	外观检查: (1) 安装牢固、外表清洁完整,无锈蚀和损伤、接地可靠; (2) 基础牢固,水平、垂直误差符合要求; (3) 汇控柜柜门必须限位措施,开、关灵活,门锁完好; (4) 回路模拟线正确、无脱落; (5) 汇控柜门需加装跨接接地
17	封堵检查底面及引出、引入线孔和吊装孔,封堵严密可靠
18	标志: (1) 回路模拟线正确、无脱落; (2) 设备编号牌正确、规范; (3) 标志正确、清晰
19	二次接线端子: (1) 二次引线连接紧固、可靠,内部清洁,电缆备用芯戴绝缘帽; (2) 应做好二次线缆的防护,避免由于绝缘电阻下降造成开关偷跳
20	加热、驱潮装置运行正常、功能完备,加热、驱潮装置应保证长期运行时不对箱内邻近设备、二次线缆造成热损伤,应大于 50mm,其二次电缆应选用阻燃电缆
21	位置及光字指示断路器、隔离开关分合闸位置指示灯正常,光字牌指示正确与后台指示一致
22	二次元件: (1) 汇控柜内二次元件排列整齐、固定牢固,并贴有清晰的中文名称标示; (2) 柜内隔离开关、空气开关标志清晰,并一对一控制相应隔离开关; (3) 断路器二次回路不应采用 RC 加速设计; (4) 各继电器位置正确,无异常信号; (5) 断路器安装后必须对其二次回路中的防跳继电器、非全相继电器进行传动,并保证在模拟手合于故障条件下断路器不会发生跳跃现象
23	照明灯具符合现场安装条件,开、关应具备门控功能
24	带电显示装置与接地刀闸的闭锁带电显示装置自检正常,闭锁可靠
25	主设备间联锁检查: (1) 满足"五防"闭锁要求; (2) 汇控柜联锁、解锁功能正常
26	监控信号回路正确,传动良好
27	施工资料变更设计的证明文件,安装技术记录、调整试验记录、竣工报告
28	厂家资料使用说明书、技术说明书、出厂试验报告、合格证及安装图纸等技术文件
29	备品备件按照技术协议书规定,核对备品备件、专用工具及测试仪器数量、规格、是否符合要求
30	配电装置室: (1) 组合电器室应装有通风装置,风机应设置在室内底部,并能正常开启; (2) GIS 配电装置室内应设置一定数量的氧气仪和 SF_6 浓度报警仪
31	排水孔导线金具、均压环、电缆槽盒排水孔位置、孔径合理
32	槽盒电缆槽盒封堵良好,各段的跨接排设备合理,接地良好

6. 竣工验收

（1）竣工验收要点。

1）项目管理单位应在接到项目竣工验收申请后，及时将验收通知发至相关单位，协调各部门做好资料检查验收，确保竣工验收的顺利进行。

2）在验收过程中，有关人员必须保留验收痕迹，需采用验收标准卡方式开展竣工验收工作，过程中发现任何问题必须做出记录，验收结束后做好问题的整理。

3）验收过程中必须有项目施工单位专人参加，对验收过程中存在的问题做出合理、合规的回答，不允许存在敷衍了事的解答。

4）工程验收实行闭环管理。验收组针对竣工验收发现的缺陷和问题，并综合前期厂内验收、到货验收、隐蔽工程验收、中间验收等环节的遗留问题，统一编制竣工验收及整改记录，交项目管理单位督促整改，报送本单位运检部。

5）项目管理单位对验收意见提出的缺陷组织整改，由工程设计、施工、监理单位具体落实。

6）缺陷整改完成后，由项目管理单位提出复验申请，运检单位审查缺陷整改情况，组织现场复验，未按要求完成的，由项目管理单位继续落实缺陷整改。

7）设备具备启动条件的前提必须有项目竣工验收相关资料，若验收不通过，相关设备不应予以启动。

（2）主要设备竣工验收要点。表 2-20 为断路器竣工验收要点，作为参考。

表 2-20　　　　　　　　　　　断路器竣工验收要点

序号	验收要点
1	外观检查： （1）断路器及构架、机构箱安装应牢靠，连接部位螺栓压接牢固，满足力矩要求； （2）采用垫片（厂家调节垫片除外）调节断路器水平的，支架或底架与基础的垫片不宜超过 3 片； （3）一次接线端子无松动、无开裂、无变形，表面镀层无破损； （4）金属法兰与瓷件胶装部位黏结牢固，防水胶完好； （5）均压环无变形，安装方向正确，排水孔无堵塞； （6）断路器外观清洁无污损，油漆完整； （7）电流互感器接线盒箱盖密封良好； （8）设备基础无沉降、开裂、损坏
2	设备出厂铭牌齐全、参数正确
3	相色标志清晰正确
4	所有电缆管（洞）口应封堵良好
5	机构箱： （1）机构箱开合顺畅，密封胶条安装到位，应有效防止尘、雨、雪、小虫和动物的侵入； （2）机构箱内无异物，无遗留工具和备件； （3）机构箱内备用电缆芯应加有保护帽，二次线芯号头、电缆走向标示牌无缺失现象； （4）各空气开关、熔断器、接触器等元器件标示齐全正确，可操动的二次元器件应有中文标志且齐全正确； （5）机构箱内若配有通风设备，则应功能正常，若有通气孔，应确保形成对流
6	防爆膜检查应无异常，泄压通道通畅且不应朝向巡视通道
7	外观检查： （1）瓷套管、复合套管表面清洁，无裂纹、无损伤； （2）增爬伞裙完好
8	无塌陷变形，黏结界面牢固； 防污闪涂料涂层完好，不应存在剥离、破损

续表

序号	验收要点
9	SF$_6$气体管路阀系统截止阀、止回阀能可靠工作，投运前均已处于正确位置，截止阀应有清晰的关闭、开启方向及位置标示
10	操动机构通用验收要求： （1）操动机构固定牢靠； （2）操动机构的零部件齐全，各转动部位应涂以适合当地气候条件的润滑脂； （3）电动机固定应牢固，转向应正确； （4）各种接触器、继电器、微动开关、压力开关、压力表、加热驱潮装置和辅助开关的动作应准确、可靠，接点应接触良好、无烧损或锈蚀； （5）分、合闸线圈的铁芯应动作灵活、无卡阻
11	弹簧机构储能机构检查： （1）弹簧储能指示正确，弹簧机构储能接点能根据储能情况及断路器动作情况，可靠接通、断开； （2）储能电动机具有储能超时、过流、热偶等保护元件，并能可靠动作，打压超时整定时间应符合产品技术要求； （3）储能电动机应运行无异常、无异声；断开储能电动机电源，手动储能能正常执行，手动储能与电动储能之间闭锁可靠； （4）合闸弹簧储能时间应满足制造厂要求，合闸操作后一般应在20s（参考值）内完成储能，在85%～110%的额定电压下应能正常储能
12	液压机构验收： （1）液压油标号选择正确，适合设备运行地域环境要求，油位满足设备厂家要求，并应设置明显的油位观察窗，方便在运行状态检查油位情况； （2）液压机构连接管路应清洁、无渗漏，压力表计指示正常且其安装位置应便于观察； （3）油泵运转正常，无异常，欠压时能可靠启动，压力建立时间符合要求；若配有过流保护元件，整定值应符合产品技术要求； （4）液压系统油压不足时，机械、电气防止慢分装置应可靠工作； （5）具备慢分、慢合操作条件的机构，在进行慢分、慢合操作时，工作缸活塞杆的运动应无卡阻现象，其行程应符合产品技术文件； （6）液压机构电动机或油泵应满足60s内从重合闸闭锁油压打压到额定油压和5min内从零压充至额定压力的要求；机构打压超时应报警，时间应符合产品技术要求； （7）微动开关、接触器的动作应准确可靠、接触良好； （8）电接点压力表、安全阀、压力释放器应经检验合格，动作可靠，关闭应严密
13	断路器操作及位置指示断路器及操动机构操作正常、无卡涩，储能标志分、合闸标志及动作指示正确，便于观察
14	就地/远方切换断路器远方、就地操作功能切换正常
15	辅助开关： （1）断路器辅助开关切换时间与断路器主触点动作时间配合良好，接触良好，接点无电弧烧损； （2）辅助开关应安装牢固，应能防止因多次操作松动变位； （3）辅助开关应转换灵活、切换可靠、性能稳定； （4）辅助开关与机构间的连接应松紧适当、转换灵活，并应能满足通电时间的要求； （5）连接锁紧螺母应拧紧，并应采取放松措施
16	防跳回路就地、远方操作时，防跳回路均能可靠工作，在模拟手合于故障条件下断路器不会发生跳跃现象
17	三相非联动断路器缺相运行时，所配置非全相装置能可靠动作，时间继电器经校验合格且动作时间满足整定值要求；带有试验按钮的非全相保护继电器应有警示标志
18	断路器应装设不可复归的动作计数器，其位置应便于读数，分相操作的断路器应分相装设
19	断路器接地采用双引下线接地，接地铜排、镀锌扁钢截面积满足设计要求。接地引下线应有专用的色标
20	机构箱接地良好，有专用的色标，螺栓压接紧固；箱门与箱体之间的接地连接铜线截面积不小于4mm²
21	二次电缆： （1）由断路器本体机构箱至就地端子箱之间的二次电缆的屏蔽层应在就地端子箱处可靠连接至等电位接地网的铜排上，在本体机构箱内不接地； （2）二次电缆绝缘层无变色、无老化、无损坏
22	加热驱潮装置： （1）断路器机构箱、汇控柜中应有完善的加热、驱潮装置，并根据温、湿度自动控制，必要时也能进行手动投切，其设定值满足安装地点环境要求； （2）机构箱、汇控柜内所有的加热元件应是非暴露型的； （3）加热驱潮装置及控制元件的绝缘应良好，加热器与各元件、电缆及电线的距离应大于50mm；加热驱潮装置电源与电动机电源要分开

2.3　典型实践案例

2.3.1　基建工程典型案例

1. 某 220kV 变电站

2019 年 9 月 3 日，××公司 220kV ××输变电工程顺利完成冲击投产工作。在该项目实施过程中，××公司发挥运检合一设备主人核心团队"实体化运作"的优势，工程从可研初设、厂内验收、到货验收、隐蔽工程验收、中间验收、竣工（预）验收、启动验收全过程参与，贯穿设备全过程管理，初设阶段就建立"一站一库"，过程中除了运行准备工作，还发挥全科优势，深度参与电气安装关键节点见证，发现了大量的工艺及设备隐患，同时结合基建工程把反措同步落实，以周报为载体督促建设单位整改闭环，投运遗留问题数量比往年同级项目大幅降低。

（1）工程概况。××公司 220kV ××输变电工程初期建设 2 台 240MVA 的 220kV 电力变压器，远景规模 3 台容量为 240MVA 的 220kV 电力变压器；220kV 侧本期采用双母线接线，进线 4 回；远景采用双母线接线，进线 6 回；110kV 侧本期出线 6 回，架空出线，户外 GIS 布置，本期采用单母线分段接线；35kV 侧采用 2 个单母线接线，出线 0 回。

（2）设备主人工作情况。

1）可研初设审查。

① 提出 35kV 开关柜运载小车需配备充足，避免在运维检修工作中出现运载小车不够用的情形。

② 蓄电池室应单独配置，智能变电蓄电池容量应满足放电时间要求，避免智能设备的增多，无法有效保障蓄电池的放电时间。

③ 建议从所用电屏直接拉一路所用电至当地后台控制桌，避免打印机、显示器、辅控设置等全部接在监控后台 UPS 电源，引起 UPS 频繁跳闸。

④ 建议开关室百叶窗安装玻璃移门，避免南方气候引起开关柜凝露，并增加空调等除湿措施。

⑤ 建议开关柜内加热器应设常投加热器和温控器启动加热器。

⑥ 结合防误管理要求，对开关柜的防误及主变高低压侧防误闭锁提出要求。

⑦ 大电流柜应配置风机，且具备手动启动功能。

⑧ 图纸上显示 35kV 接地所用变接地闸刀位于接地变压器开关柜内，建议取消该把闸刀，利用 35kV 接地所用变柜上接地闸刀。该建议及时发现因为开关柜和接地变压器柜为不同厂家而导致同一个接地点存在两把接地闸刀的可能性，后续操作过程中可能存在带接地开关合闸的风险，提议取消开关柜内接地闸刀，只保留一个接地点。

⑨ 35kV 开关室面积 300 多平方米，仅配置 2 台空调，空调数量不足。根据运行经验，迎峰度夏期间，气温炎热，空调数量不足容易造成开关室内温度偏高，从而导致保护装置、

智能终端、交换机等频繁死机，增加电网运行风险。

2）厂内验收。

① 主变压器仍然采用单浮球气体继电器，不满足要求，提出更换为双浮球气体继电器。主变压器本体无油温油位曲线图，要求增加曲线图。主变压器铁芯及夹件引出接地端、本体呼吸器、有载呼吸器、油温表未设置铭牌标注，要求增加。

② 发现 35kV 电压互感器柜防误闭锁逻辑存在问题，35kV 母线电压互感器接地点设置在电压互感器柜内，不满足防误闭锁相关要求，要求整改，将接地点移自开关柜外，避免发生带接地线合闸的情况发生。

③ 35kV 间隔扩建工程开关柜出厂验收时，发现开关柜柜宽 1200mm，相间安全距离不能满足要求、电缆搭接高度不满足 700mm、接地开关关合方向不满足省公司要求。

3）隐蔽工程验收。

发现了主变压器储油坑的地面有未封堵的管道进入、水封井中有杂物且三通阀未安装软木塞，不符合变电站环保精益化的要求，当发生主变压器喷油事件后可能导致主变压器油不流向事故油池，发生油污水事件发生。

4）中间验收。

① 主变压器有载调压开关机构箱门无法上锁，如图 2-1 所示。

② 5kV 开关柜前后尺寸不一致，约有 5mm 的偏差，导致拼接后缝隙过大（5mm），如图 2-2 所示，偏差已超过国家标准。

图 2-1 主变压器有载调压开关机构箱门无法上锁　　　图 2-2 35kV 开关柜前后尺寸不一致

③ ××线引下线距离爬梯距离较近（约 1.2m），小于安规上 110kV 不停电作业 1.5m 的要求，如图 2-3 所示。

④ 35kV 开关室屋顶风机存在斜风雨水进入情况，如图 2-4 所示。

⑤ 220、110kV GIS 设备手动操动机构箱未加装防雨罩，如图 2-5 所示。

⑥ 35kV 开关室 1 号电容器开关柜顶部照明灯下方刚好是母桥线，如图 2-6 所示。

5）竣工（预）验收。

① 发现监控后台和调控远方均不能进行 1 号主变调挡操作，不具备验收条件，及时向验收组反馈暂缓验收，后经厂家修改后台参数配置并调试后恢复正常。

② 后台间隔分画面中，220kV 间隔开关控制电源与电动机电源空气开关具备遥控功能，但后台遥控点位未明确具体空气开关命名，并未完善空气开关开断标示，如图 2-7 所示。

图 2-3　××线引下线距离爬梯距离较近

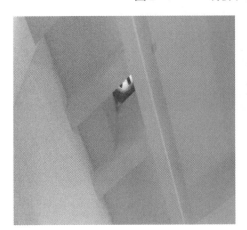

图 2-4　35kV 开关室屋顶风机存在斜风雨水进入情况

图 2-5　GIS 设备手动操动机构箱未加装防雨罩

图 2-6　1 号电容器开关柜顶部照明灯下方刚好是母桥线

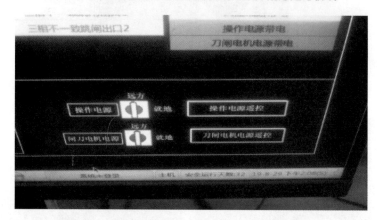

图 2-7　后台遥控点位未明确具体空气开关命名

（3）总结分析。××公司充分发挥各专业人员优势，在可研初设、厂内验收、到货验收、隐蔽工程验收、中间验收、竣工（预）验收、启动验收各个环节根据专业分工安排"对口"设备主人参与或是直接负责。通过设备主人先后发现 110kV 出线引线与构架爬梯距离不足、35kV 电容器组网门内积水严重、信息点位及后台光字命名中的不规范、歧义、缺失、错误等严重缺陷，将问题消灭在萌芽阶段，有效提高工程质量。

2. 某 110kV 变电站

2020 年 1 月 6 日，××公司 110kV ××输变电工程顺利完成冲击投产工作。在该项目实施过程中，××公司发挥运检合一设备主人核心团队"实体化运作"的优势，工程从可研初设、厂内验收、到货验收、隐蔽工程验收、中间验收、竣工（预）验收、启动验收全过程参与，贯穿设备全过程管理。

（1）工程概况。××公司 110kV ××输变电工程初期建设 2 台 50MVA 的 110kV 电力变压器。110kV 侧本期采用内桥接线，进线 2 回，采用户内 GIS 布置。10kV 侧采用单母线分段接线方式（本期 10kVⅡ段母线和 10kVⅢ段母线短接），出线 24 回。

（2）设备主人工作情况。

1）可研初设审查。

① 提出手车应按八大六小配置、连接片底座应统一为驼色，功能连接片颜色为黄色，

出口连接片颜色为红色、GIS 汇控柜上应预留五防锁编码孔。

② 开关柜远方/就地切换开关（QK）、控制开关（KK）需分开，且控制开关（KK）带钥匙，远方/就地切换开关（QK）不带钥匙，各柜的 KK 开关钥匙要求不通用。控制开关（KK）预留电编码锁孔。多一重 KK 开关防误保障，省去后期运行后安装电编码锁开孔。

③ 图纸中工具室远离开关室较远，不利于后期运维操作。

④ 提出 10kV 开关柜内需加装灭火气溶胶、开关柜电缆仓需开设红外测温窗口。

⑤ 本工程中变电站防误操作系统采用嵌入式无法满足投运后运维要求，建议本次工程采用独立微机防误操作系统，避免后期改造对运行设备的影响。

⑥ 发现主变压器未装设油色谱在线监测装置，铁芯、夹件在线监测装置，局部放电在线监测未预留接口

2）厂内验收。

① 10kV 开关柜二次仓交换机、合并单元与空气开关、二次线距离过近，杜绝了在合上柜门时误碰空气开关的隐患。

② 10kV 母线电压互感器柜和 10kV 出线柜电压互感器处未预留接地端，杜绝了电压互感器改检修状态时无法挂接地线的隐患。

③ 发现 10kV 母线电压互感器未焊接地桩、转运平台在操作过程中不能卡牢 10kV 开关柜问题、开关柜前后观察窗未使用防爆玻璃，杜绝了观察窗不满足安全规定的隐患。

④ 发现 10kV 开关柜无法进行直接验电工作、2 号车 10kV 开关柜无具体的铭牌信息，解决了运行人员抄录设备信息困难的问题，指出了厂家在设计时未考虑验电问题，并与厂家协商解决。

⑤ 发现 110kV GIS 密度继电器未加装防雨罩，并要求厂家及时整改，杜绝了后期密度继电器受潮频繁告警的隐患。

3）到货验收。发现 0362 柜断路器储能机械指示标识贴歪，不能准确标识其处已储能或未储能位置，杜绝了运行后不能正确判断弹簧储能情况。

4）竣工（预）验收。

① 发现 10kV 1 号站用变压器与站用变压器接地闸刀间无相互闭锁的问题，杜绝了人身触电的隐患。

② 主控室多个保护屏屏底未封堵；10kV 开关柜、电容器开关柜内通信线未包好绝缘。

③ 10kV 开关室主变压器 10kV 电缆、电容器电缆、补偿站用变压器电缆及部分二次电缆穿孔处未用防火泥封堵。

④ 电容器成套装置厢门插销处损坏，无法上锁；监控后台主接线图双重命名未更改。

⑤ 主控室所用电屏上多个馈电指示灯坏。

⑥ 1 号主变压器 10kV 主变压器侧接地桩位置靠前需调整。

⑦ 后台主接线图，连接片命名不规范。

⑧ 全站屏柜封堵不到位。

⑨ 接地桩位置的调整使运行人员挂地线时更容易，监控后台规范化降低了操作中误操作的风险，封堵不到位存在小动物窜入引起短路隐患。

（3）总结分析。××公司在可研初设等各个环节安排设备主人全程参与，尤其在工程投

产时设备主人负责实施现场全过程管控，与厂家、设计单位、基建、检修等负责人建立沟通机制，有问题及时沟通交流；每周按时完成工作周报，梳理每周所完成的工作以及下周的工作计划、将每周发现的新问题及时反映到周报中。截至投产前一天，设备主人小组共完成 6 期周报的编辑，发现问题累计 45 余项，很多问题在设备主人的沟通下得到顺利的整改。

2.3.2 变电站技改工程典型案例

1. 某 220kV 变电站

2019 年 5 月 23 日，××公司 220kV ××变电站改造工程顺利完成冲击投产工作。在该项目实施过程中设备主人发挥积极作用，工作采用双周报制度，每双周发布《220kV ××变电站改造工程设备主人全周期管控双周报》，内容主要包括生产准备情况、新发现的问题、目前遗留问题汇总等，提高工程项目管控效果，督促建设单位及时整改。

（1）工程概况。220kV ××变电站在原站址重建，新建 24 万 kVA 主变压器 2 台，220kV 户外 GIS 设备、110kV 户内 GIS 设备，第三电压改为 10kV；220kV 本期出线四回。

（2）设备主人工作情况。设备主人核心团队从工程可研初设阶段就建立一站一库，形成××变"出生档案"，在后期设联会、土建、调试等各个关键不断补充、完善，在运检部的统筹下，每月对相关问题的处置进度、协调情况上会晒单，推动建设单位闭环，将前期见证排查的精力投入的辐射效应最大化，同时设备主人核心团队及支撑团队，共同推进验收标准化作业，强化验收过程痕迹化管控，提升管理穿透力，确保整改、闭环。

1）可研初设审查。

① 提出初设文本未明确主变压器固定消防灭火装置设施附件选型要求和信号完善要求，根据《国网浙江省电力有限公司 220kV 及以上主变压器固定灭火装置防误动及二次回路完善建设验收指导意见》《国网浙江省电力有限公司变电站消防标准化建设指导意见（试行）》的通知，泡沫喷淋喷头需 3C 认证，相关信号电缆需选用绝缘电缆，上传信号按省公司消防标准要求执行。

② 提出户外本体智能组件柜应安装空调，依据十八项反措应充分考虑安装环境对保护装置性能及寿命的影响。

③ 提出对于新建 220kV 变电站，要求 35kV 并联电抗器采用中性点断路器投切方式，同时需在电抗器中性点加装三相对地避雷器，原母线侧断路器仍保留，用作故障隔离，依据国网浙江省电力有限公司通用设计差异需求、设备质量提升报告讨论会纪要。

④ 提出交流低压动力电缆（含站用变压器高压电缆、站用电主要低压动力电缆）建议独立敷设，避免混沟。直流蓄电池到直流屏的直流电缆不得同沟敷设。220kV 及以上变电站主要动力电缆和直流电缆投产前先予以防火隔离胶带包扎。依据《五通评价站用交流》站用电动力电缆应采用铠装防火电缆独立敷设，不得与电缆沟其他电缆混沟。

⑤ 根据国网变电站建设的有关要求，提出汇控柜的柜门设计边沿需有一定倾斜角度并打排水孔的意见。对后续变电站设备投运后，运维人员设备的安全稳定运行具有重要意义。

2）厂内验收。

① 发现本体气体继电器、有载开关气体继电器、压力释放阀无防雨罩，温度计的防雨

罩太小，不能完全挡住雨水。不满足《国家电网公司变电验收管理规定　第 1 分册　油浸式变压器（电抗器）验收细则》附录 A.3 第 1.2 的要求。

② 变压器铁芯、夹件在顶部有标志，在下部没有标志。不满足《国家电网公司变电验收管理规定（第 1 分册　油浸式变压器（电抗器）验收细则）》的要求。

3）中间验收。

① 金属爬梯焊点毛糙、部分焊接不完整，存在后续断裂的风险，要求施工方重新焊接。

② 电缆层排水泵电源启动箱未设置在门外，未设置手动启动按钮，不便于日常检查维护。

③ GIS 设备 SF_6 气体压力表阀门未打开，无法有效监测 SF_6 气室压力。

④ 部分辅控设施无法有效投入使用，如 SF_6 含氧量报警仪无法正常工作，门禁系统无法使用，风机空开容量偏小。

4）竣工（预）验收。

① 发现问题温度计防雨罩不符合要求。

② 一体化电源验收时，发现问题直流母线未加装防雷器及保护开关。

③ 指出开关室电缆进出孔洞处未进行防小动物处理。

（3）总结分析。××变电站改造工程设备主人管控发现问题共计 119 项，并在施工过程中监督施工单位整改，为竣工验收打好基础。竣工验收过程中，验收组对照一站一库中的问题逐条核对，做到有的放矢，极大地提高了验收的工作效率。基建阶段一站一库不仅作为工程项目管控的工具，也为后续工程投运后的运维检修提供参考。

2. 某 220kV 变电站（35kV 开关室改造）

（1）工程概况。220kV ××变电站于 2006 年投运，35kV Ⅰ/Ⅱ段出线、电容器、站用变压器、接地变压器、母线分段保护测量及 35kV 母差等保护装置为四方 CSC 系列产品，为早期系列产品，装置运行年限长，元件老化严重，产品已停产备品备件采购和技术服务困难。为提高变电站安全稳定运行水平，保证供电可靠性，有必要对 1、2、3、4 号电容器，1、2 号站用变压器，×××线，×××线，×××线，35kV 母分，35kV 接地变压器，35kV 母设，电压并列装置，35kV 母差保护装置进行改造。

新开关柜安装：① 1 号主变压器 35kV 开关、2 号主变压器 35kV 开关、35kV Ⅰ段母线电压互感器柜、35kV Ⅰ段母线电压互感器柜避雷器柜、35kV Ⅱ段母线电压互感器避雷器柜、1 号电容器开关柜、2 号电容器开关柜、3 号电容器开关柜、4 号电容器开关柜、1 号站用变压器开关柜、2 号站用变压器开关柜、35kV 母分开关柜、35kV 母分闸刀柜、×××线开关柜、×××开关柜、×××开关柜、1 号接地变压器开关柜、过渡柜 1、2、3 号。1 号主变压器母线桥、2 号主变压器母线桥、×××线出线母线桥。② 1 号接地变压器、1 号站用变压器、2 号站用变压器、1 号电容器、2 号电容器、3 号电容器、4 号电容器、1 号主变压器 35kV 电流互感器、2 号主变压器 35kV 电流互感器 C 级检修。

（2）设备主人工作情况。

1）可研初设审查。图纸上显示 35kV 接地站用变压器接地闸刀位于接地变压器开关柜内，建议取消该闸刀，利用 35kV 接地站用变压器柜上接地闸刀。该建议及时发现因为开关柜和接地变压器柜为不同厂家而导致同一个接地点存在两把接地闸刀的可能性，后续操作过程中可能存在带接地开关合闸的风险，提议取消开关柜内接地闸刀，只保留一个接地点，建议得到采用。

2）厂内验收。部分开关柜避雷器泄漏电流表玻璃破烂，影响设备正常运行。

3）隐蔽工程验收。

① 交直流一体化装置对绝缘检测选线不准。

② 站用电屏未考虑第三方电源接入点，且站用电备用电源自动投入切换时间过长，不满足要求。

③ 防误电源未经过隔离变压器，直接从 UPS 接入，给人身安全带来威胁。

4）中间验收。

① 35kV 母分触头柜后电磁锁损坏，该问题若不能解决，将影响正常操作，后续施工方已及时做了整改。

② 发现手车摇至中间位置时，若有合闸命令存在会一直保持，在手车到位后，开关自动合上的问题，随后在回路中加入手车位置，杜绝了误操作的可能。

5）竣工（预）验收。

① 端子排连接螺栓松动，杜绝了端子排及连接线发热烧损的隐患。

② 连接片不合理，多股线并联，杜绝了连接不可靠的隐患。

③ 接线标号套字体模糊不清，杜绝了接线易发生错误，回路异常时检查不方便的隐患。

④ 竣工图纸与设备实际接线不一致，杜绝了设备接线导致错误、回路异常时检查错误而造成重大设备事故的隐患。

⑤ 对于两路直流和所用电电源部分存在取自同一段母线，未将两路电源完全独立。

⑥ 消防主机电源取自墙面空气开关，未单独走线。

⑦ 部分封堵不完善、空调设备直吹开关柜、照明灯离带电设备太近等涉及不方便零星维修的问题。

（3）总结分析。220kV ××变电站 35kV 开关室改造工程，设备主人在可研初设、厂内验收、到货验收、隐蔽工程验收、中间验收、竣工（预）验收六个环节安排设备主人全程参与，尤其在工程投产时设备主人负责实施现场全过程管控，与厂家、设计单位、检修等负责人建立沟通机制，有问题及时沟通交流；每日按时完成工作日报，整个项目过程，设备主人小组共完成 45 期日报的编辑，发现问题累计 53 余项，很多问题在设备主人的沟通下得到顺利整改。

第3章

设备运行维护

3.1 变电运维传统业务概述

变电运维传统业务主要包括倒闸操作、工作票管理、设备定期轮换试验、设备巡视检查和事故异常处理等。

3.1.1 倒闸操作

变电站电气设备状态主要分为运行、热备用、冷备用、检修四种状态,切换电气设备状态过程时所进行的一系列操作叫做倒闸操作。

3.1.2 工作票管理

变电工作票是在变电站电气设备上进行工作的书面依据和命令,工作前必须按照相关规定,履行工作许可制度,禁止无工作票作业。

3.1.3 设备定期轮换试验

设备定期轮换试验是指设备运行方式倒换及设备传动、动态或静态启动,以检查设备的健康水平。

3.1.4 设备巡视检查

变电运维人员应按相关规范、按时仔细巡查站内设备,及时地发现设备异常并如实汇地报调控中心及上级有关部门,杜绝事故发生。

3.1.5 事故异常处理

电力系统设备故障或由于人员工作上失误造成电能供应在数量或质量上超出相关规定范围的事件叫做变电站事故。变电站事故异常处理时要严格遵守电力安全工作规程（变电部分）、各级调控规程、现场运行通用规程、现场运行专用规程及有关安全工作规程，必须服从上级调控中心指挥、正确执行调控命令。

3.2 变电运维传统业务实施

3.2.1 倒闸操作

变电站倒闸操作必须要有值班调控人员或运维站值班负责人的确切指令，发令人发布的指令必须要与变电站现场设备运行方式一致，接令后需核对复诵无误，再执行。发令人发布指令需要使用规范的设备双重命名（设备名称和编号）和调度术语。发令人、接令人应先互报单位和姓名，发令的全过程双方都要做好记录并且录音。监护人和操作人应了解操作顺序、目的，若对指令有任何疑问都应向发令人询问清楚，切勿盲目操作。

发令人发布的指令应符合变电站现场的设备状态，多个指令应符合有关顺序的要求，下发正令时应有发令时间。

变电站倒闸操作可以通过程序操作、就地操作、遥控操作三种方式完成，且程序操作、遥控操作的相关一、二设备必须满足相关技术条件并经有关部门批准。

1. 业务实施分类

变电站倒闸操作可以分为：检修人员操作、监护操作、单人操作三种。

（1）单人操作：指由一个人完成的操作。

1）单人操作时，变电运维人员应根据发令人用专用调度电话发布的操作指令填用操作票，复诵无误；

2）实行单人操作的有关项目、设备需要经过设备运维管理单位批准，相关人员应通过专项的考核；

3）室内高压设备且符合以下条件的，可以由单人操作：设备的隔离室安装有高度大于1.7m 的固定遮拦，并且上锁；断路器能实现远方操作或操动机构已用墙或金属板与该开关隔离。

（2）监护操作：指由两人进行同一项的操作。监护操作时，对设备较为熟悉、水平较高者作为监护人，另外一人作为操作人。如果是特别大型、复杂的倒闸操作，应由熟练的变电运维人员操作，运维值班负责人监护。

（3）检修人员操作：指由检修人员完成的操作。

1）本单位的检修人员经设备运维管理单位培训、考试合格、批准同意后可进行 220kV

及以下变电站设备由热备用到检修或由检修到热备用的监护操作。检修人员进行操作时，监护人应是同一单位的变电运维人员或检修人员。其接令、发令程序、安全要求必须由设备运维管理单位分管领导审定批准，并报相关部门和调控机构。

2）设备运维管理单位实行检修人员操作的应制定详细的细则和具体规定。

2. 业务实施基本原则

（1）变电站倒闸操作必须遵守安规、调规、现场运行通用规程、现场运行专用规程和本单位的补充规定等要求进行。

（2）倒闸操作必须有发令人正式发布的指令，指令应清晰、确切，且使用事先审核合格的操作票，按操作票的顺序逐步操作。

（3）操作票应根据指令和现场设备的实际运行方式，参考典型操作票填写。变电站典型操作票应履行相关的审批手续并按规定及时更新修订。

（4）倒闸操作过程中严禁发生以下情况：

1）误分、误合开关；

2）带接地线合开关、闸刀；

3）带电合接地闸刀；

4）带负荷拉、合闸刀；

5）误入带电间隔；

6）非同期并列；

7）连接片、短接片、自动装置的误投退，定值区的误切，二次电源空气开关的误分合。

（5）交接班、负荷高峰、设备异常运行和恶劣天气等情况时不应进行倒闸操作。

（6）对于特别复杂的大型操作，应组织操作人员进行全面讨论，运维负责人监护，熟练的运维人员操作。

（7）禁止就地利用开关进行停、送电的操作。

（8）禁止在雷电天气时，进行就地倒闸操作。

（9）变电站在进行设备停、送电操作时，运维人员必须远离瓷质、充油设备。

（10）假如因故中断的倒闸操作需要恢复操作时，应得到发令人的许可，操作人和监护人应重新进行三核对工作，确认操作步骤、设备正确无误。

（11）运维班已执行的操作票应按月装订，及时进行三级审核。保存期至少1年。

（12）倒闸操作全过程应录音，相关录音文件需要归档管理。

（13）在操作过程中若产生疑问，应立即停止，并及时向发令人汇报。弄清具体原因后，需要等待发令人再行许可方能继续操作。严禁操作人和监护人擅自解除防误闭锁装置或更改操作票进行操作。

3. 业务实施基本条件

（1）操作人员名单要考试合格并经批准公布；

（2）变电站现场设备的标志、相别色标要明显；

（3）一次系统模拟图要正确；

（4）变电站现场运行规程、典型操作票要经审核批准；

（5）操作指令要确切、倒闸操作票经审核合格；

（6）操作工具、安全工器具要合格。

4. 业务实施禁止事项

（1）严禁无资质人员操作；

（2）严禁无操作指令操作；

（3）严禁无操作票操作；

（4）严禁不按操作票操作；

（5）严禁失去监护操作；

（6）严禁随意中断操作；

（7）严禁随意解锁操作。

5. 业务实施流程

（1）接受调度预令，拟定操作票；

（2）审核操作票正确；

（3）明确操作目的，做好危险点分析、预控措施；

（4）接受调度正令，模拟预演；

（5）核对设备命名和状态；

（6）逐项唱票复诵操作并勾票；

（7）向调度汇报操作结束及时间；

（8）改正现场一次模拟接线图，签销操作票，复查及评价。

倒闸操作流程如图 3-1 所示。

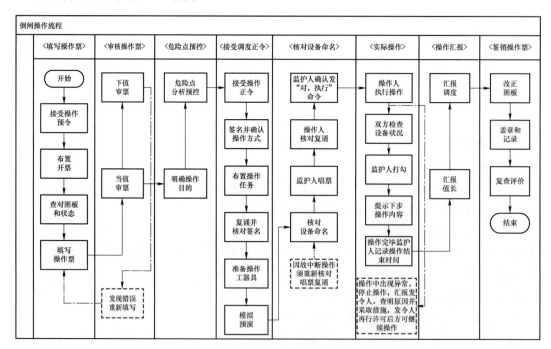

图 3-1　倒闸操作流程

3.2.2 工作票管理

变电站内禁止无票作业,作业时必须使用工作票。对于下列没有可能涉及运行设备的工作可不使用工作票,但至少应由两人进行(单独巡视除外),并履行告知变电运维人员的手续:

(1)非生产区域的低压照明回路上工作。

(2)非生产区域的房屋维修。

(3)非生产区域的装卸车作业。

(4)户外变电站,在对树木、花草、生活用水(电)设施等进行维护。

(5)有单独巡视资质的人员进变电站巡视或相关专业人员进站进行专业巡视、踏勘。

1.业务实施分类

变电站工作票包括变电第一种工作票、变电第二种工作票、事故应急抢修单。

(1)变电第一种工作票适用范围。

1)需要将高压设备全部或部分停电后,在高压设备上工作。

2)需要将高压设备停电或做安全措施后,在二次系统和照明等回路上工作。

3)需要将高压直流系统或直流滤波器停用后,在换流变压器、直流场设备及阀厅设备上工作。

4)需要将高压直流系统停用后,在直流保护装置、通道和控制系统上工作。

5)需要将高压直流系统停用后,在换流阀冷却系统、阀厅空调系统、火灾报警系统及图像监视系统等上工作。

6)需要将高压设备停电或要做安全措施后,才能进行其他工作。

变电站第一种工作票应在工作前一天(计划工作必须在工作前一天 12 时之前)预先送达相应的变电站或运维站(班)。临时工作,可在工作开始前直接交给工作许可人,但需要在[备注]栏中注明原因。

(2)变电第二种工作票适用范围。

1)低压配电盘、控制盘、配电箱、电源干线上的工作。

2)无须将高压设备停电者或做安全措施,在二次系统和照明等回路上的工作。

3)运行中的同期调相机、发电机的励磁回路或高压电动机转子电阻回路上的工作。

4)非运行人员使用专用核相器、绝缘棒和电压互感器定相或用钳型电流表测量高压回路的电流。

5)在无可能触及带电设备导电部分且距离大于安全规程中相关距离的相关场所和带电设备外壳上的工作。

6)无须停电的高压电力电缆工作。

7)无须将直流单、双极或直流滤波器停用,在换流变压器、直流场设备及阀厅设备上的工作。

8)无须将高压直流系统停用,在直流保护控制系统的工作。

9)无须将高压直流系统停用,在换流阀水冷系统、阀厅空调系统、火灾报警系统及图像监视系统等上进行的工作。

变电站第二种工作票可在工作开始前当天送达。无人值守变电站的第二种工作票应事先通知相关运维站（班），或者由工作负责人在工作当日带到工作现场，但应将工作时间、内容等在工作前一日告知相关运维站（班）或调控中心，工作负责人当天将工作票交给工作许可人许可。在许可工作前，许可人应将工作负责人、工作内容、时间等相关事项向运维站（班）或调控中心当班负责人汇报并得到确认。

（3）事故应急抢修单适用范围。

1）电气设备发生故障被迫停行，且需短时间内恢复运行的抢修和排除故障的工作可以使用事故紧急抢修单。

2）非连续进行的事故抢修工作，或24h内不能完成的事故紧急抢修工作，应转入常规的设备检修流程，填用变电站第一种工作票，并履行相关的工作许可手续。

3）未造成电气设备、线路被迫停止运行的缺陷处理工作，不得使用事故紧急抢修单。

4）抢修任务布置人应具备相应的工作票签发人资质，并履行《安规》中规定的工作票签发人安全责任。

2. 业务实施基本条件

（1）工作票签发人、工作负责人名单要经批准公布。

（2）工作许可人员名单要经批准公布。

（3）变电站现场设备标志、相别色标要明显。

（4）现场作业工作票要合格。

（5）调度许可指令要明确。

（6）现场安全措施要完备。

3. 业务实施禁止事项

（1）严禁无工作票作业。

（2）严禁未经许可先行工作。

（3）严禁擅自变更安全措施。

（4）严禁未经允许，擅自试加工作电压。

（5）严禁随意超越批准的检修作业时间。

（6）严禁未经验收结束工作票。

（7）严禁擅自合闸送电。

4. 业务实施流程

（1）收到并审核工作票。

（2）接受调度工作许可。

（3）布置临时安全措施。

（4）核对安全措施，许可工作票。

（5）办理工作过程中相关手续。

（6）设备验收，工作终结。

（7）拆除临时安全措施，汇报调度。

（8）终结工作票。

工作票执行流程如图 3-2 所示。

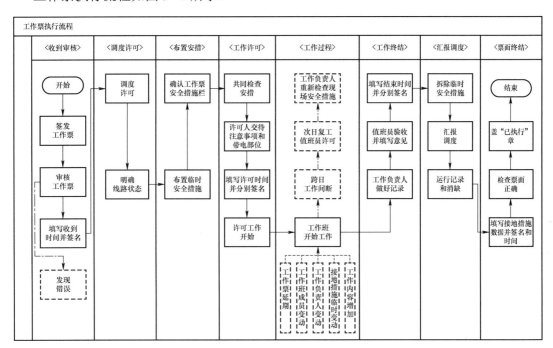

图 3-2 工作票执行流程

3.2.3 设备定期轮换试验

1. **业务实施基本原则**

（1）运维管理单位要制定设备定期轮换试验工作制度，明确设备定期维护试验工作项目、周期等，且要有定期检查考核记录。

（2）变电站设备除常规试验和检修外，还需要进行必要的维护工作。

（3）某些设备的试验切换是属于调度管辖的（如备用电源自投装置、重合闸等），必须征得调度同意或批准后方可进行。

（4）设备定期轮换试验工作，一般情况下应安排在负荷低谷或适当时候进行，且做好事故预想，制订相关应对紧急情况的措施。

（5）所有设备定期轮换试验的进行情况和检查结果均应录入值班日志中，试验时如发现异常情况应及时汇报、处理。

2. **业务实施基本内容及周期**

（1）运维人员应按保护专业有关规定，在有专用收发信设备运行的变电站进行高频通道的对试工作。

（2）中央信号系统（事故音响、预告信号、闪光装置、直流绝缘监察、光字牌信号等）每次交接班时检查试验 1 次。

（3）每月进行触电保安器试验 1 次。

（4）每季度试验检查变电站事故照明系统 1 次。

（5）每季度试验主变冷却电源自动投入功能 1 次。

（6）每半年进行直流系统中的备用充电机应启动试验 1 次。

（7）每半年启动试验变电站内的备用站用变（一次侧不带电）1 次，且每次带电运行不少于 24h。

（8）每季度切换检查站用交流电源系统的备用电源自动投入装置 1 次。

（9）每季度轮换运行强油（气）风冷、水冷的变压器冷却系统的各组冷却器的工作状态 1 次。

（10）每三个月轮换运行 GIS 设备操动机构集中供气的工作和备用气泵 1 次。

（11）每季度轮换运行通风系统的备用风机与工作风机 1 次。

（12）每半年试验 UPS 系统 1 次。

3.2.4　设备巡视检查

1．业务实施基本要求

（1）设备运维管理单位应按变电站、运维站（班）设备的实际位置确定科学、合理的巡视检查路线和检查项目。

（2）变电运维人员应按"三定"相关原则，对全站设备进行仔细的巡查，切实提高巡视质量，能及时发现设备异常和缺陷，并汇报调控中心和有关上级部门。

（3）运维人应结合设备消缺维护、带电检测、每月停电检修计划等工作统筹组织实施现场设备的巡视检查工作，提高运维质量和效率。

（4）巡视人员应尽量缩短在瓷质、充油设备附近的滞留时间，注意人身安全，针对运行异常且可能造成人身伤害的设备应开展远方巡视。

（5）巡视应保证巡视质量，执行标准化作业。

（6）运维班班长、副班长和专业工程师应监督、考核巡视检查质量，每月至少参加 1 次巡视。

（7）对于自动监视和告警系统不可靠的设备，应适当地增加巡视频率。

（8）巡视人员在进行设备巡视时应着装规范，佩戴安全帽。注意雷雨天气巡视时，不得触碰设备、架构，且应穿着雨衣和绝缘靴，不得靠近避雷器、避雷针。

（9）变电站应具备完善的照明系统，确保夜间巡视安全。

（10）变电站现场的巡视工器具应齐备且合格。

（11）变电站现场备用间隔设备的巡视应按照运行设备的相关标准要求进行。

2．业务实施分类

设备巡视包括例行巡视、全面巡视、熄灯巡视、专业巡视、特殊巡视。各类巡视完成以后应及时填写相关巡视记录，其中全面巡视应根据标准专业的作业卡进行巡视，并逐项填写巡视结果。

（1）例行巡视。

1）例行巡视指对设备外观、声响、渗漏情况、后台监控系统、二次保护自动化装置及辅助设施异常告警、消防安保系统完好性、环境、缺陷和隐患跟踪检查等各个方面的常规性巡查。例行巡视的具体项目应按照设备管理单位的相关规程执行。

2）周期要求（见表 3-1）。

表 3-1　　　　　　　　例 行 巡 视 周 期

变电站分类	巡视周期
一类变电站	每 2 天不少于 1 次
二类变电站	每 3 天不少于 1 次
三类变电站	每周不少于 1 次
四类变电站	每 2 周不少于 1 次

3）人工例行巡视可以用机器人巡视代替，但应按照相关规定执行。

（2）全面巡视。

1）全面巡视是在例行巡视的基础上，对设备进行开箱检查，记录运行数据。主要检查设备污秽程度；防火灾、防小动物、防误闭锁装置等设施有无漏洞；接地引下线情况；站内设备厂房等。全面巡视和例行巡视可一并进行。

2）周期要求（见表 3-2）。

表 3-2　　　　　　　　全 面 巡 视 周 期

变电站分类	巡视周期
一类变电站	每周不少于 1 次
二类变电站	每 15 天不少于 1 次
三类变电站	每月不少于 1 次
四类变电站	每 2 个月不少于 1 次

3）需要解除防误闭锁装置才能进行的巡视，巡视前必须按照解锁流程履行相关手续，各运维单位根据变电站运行环境及设备情况在现场运行专用规程中明确此类巡视的周期。

（3）熄灯巡视。

1）熄灯巡视是夜间熄灯开展的巡视，主要检查设备有无放电、电晕，线缆接头有无发热现象。

2）周期要求是每月不少于 1 次。

（4）专业巡视。

1）专业巡视是由运维、检修、设备状态评价等专业人员联合开展的针对性集中巡查和检测，主要是为了进一步深入掌握设备运行状态等情况。

2）周期要求（见表 3-3）。

表 3-3 专 业 巡 视 周 期

变电站分类	巡视周期
一类变电站	每月不少于1次
二类变电站	每季不少于1次
三类变电站	每半年不少于1次
四类变电站	每年不少于1次

（5）特殊巡视。当变电站电气设备运行方式或运行环境发生变化时，为了准确地掌握设备具体运行情况而开展的巡视。需要进行特殊巡视的情况主要有以下几点：

1）大风后；

2）雷雨后；

3）冰雪、冰雹后，雾霾过程中；

4）新设备投入运行后；

5）经过大修、改造、长期停运后又重新投入运行的设备；

6）设备缺陷有发展时；

7）过载或负荷剧增、超温、发热、系统冲击、跳闸等异常情况；

8）上级通知有重大保供电任务或国家法定节假日时；

9）电网供电可靠性下降、存在发生较大电网事故（事件）风险时段。

巡视作业流程如图 3-3 所示。

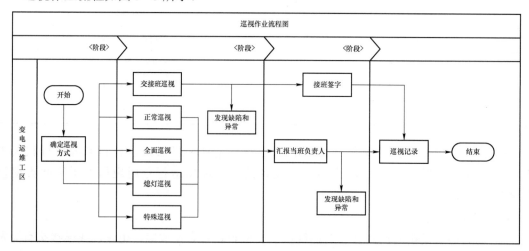

图 3-3 巡视作业流程

3.2.5 事故异常处理

1. 业务实施基本原则

（1）防止系统稳定破坏、电网瓦解和大面积停电，应迅速限制事故的发展，消除故障根源，解除对人身、电网和设备的威胁。

（2）应根据事故范围、调度指令，及时调整运行方式，电网解列后应尽快恢复并列运行。

（3）尽最大可能保持正常设备继续运行，对重要用户及变电站站用电的正常供电。

（4）尽快恢复设备和用户的供电，对重要用户应优先恢复供电。

2. **业务实施基本要求**

（1）电气设备发生故障或异常后，运维班应立即派人赶赴相关变电站现场，对相关的一次、二次设备进行详细的检查，并及时将检查结果汇报调控中心和上级部门，汇报内容主要包括：

1）现场天气情况；

2）一次设备现场外观检查情况；

3）现场是否有人工作；

4）相关设备有无越限或超载；

5）站用电安全是否受到威胁；

6）二次设备的动作、复归详细情况。

（2）故障紧急处理时，运维人员可以不填写操作票，直接用典型操作票操作，但仍然要执行录音、核对、监护、复诵等制度。在恢复送电操作时必须填写操作票。

（3）运维人员处理事故的时候，对调控中心管辖设备，应按值班调控人员的指令或经其同意后进行。无须等待调控指令的，应一边自行处理，一边将事故简明地向值班调控人员汇报。待事故处理完毕后，再做详细汇报。

（4）运维人员无法自行处理损坏的设备及事故现场时，应及时汇报调控中心，由调控中心通知检修人员来处理。运维人员应提前做好现场的安全措施（如隔离电源、装设接地线、工作地点设围栏等）。

（5）为了防止事故扩大，在迅速处理事故时，下列情况无须等待调控指令，事故单位可自行处理，但事后应尽快报告值班调控人员：

1）对人身和设备安全有威胁时。

2）站用电部分停电或全停时，恢复送电。

3）电压互感器二次开关跳闸或熔丝熔断时，将相关保护停用。

4）将已损坏的设备隔离。

5）恢复电源联络线（网调调控设备除外）跳闸后，断路器两侧有电压的同期合环或并列。

6）手动代替切负荷、低频解列、低压解列等安全自动装置应动未动者。

7）变电站现场运行专用规程中明确规定可不等待值班调控人员指令自行处理者。

3. **业务实施基本流程**

（1）一次设备发生故障。

1）一次设备发生故障，变电站应立即向设备所属相关调控中心汇报，汇报内容为故障发生时间；具体设备及其故障后设备的状态；有关设备负荷变化情况，有无过载；现场天气情况。

2）通过对现场一次设备、二次继电保护及自动化设备的检查，再次向调控中心汇报现场检查情况、处理意见和应采取的措施等，汇报内容包括一次设备现场外观检查情况；现场是否有人工作；相关设备有无过载或者越限；站用电安全是否受到威胁；二次继电保护及自动化设备的动作、复归详细情况（如故障滤波器动作，故障相别，故障测距等）对于强送不成的，仍必须按相关流程汇报。

3）变电站现场应做好事故处理的操作准备（如现场人员、操作工器具、操作票等），在接到调控中心操作命令后立即进行操作。

（2）二次设备异常或告警。变电站出现二次设备异常或告警后，应立即向有关调控中心汇报，内容包括发生异常或告警二次设备；告警信号是否可以复归。图 3-4 为变电站设备事故处理流程（以 220kV 设备事故为例）。

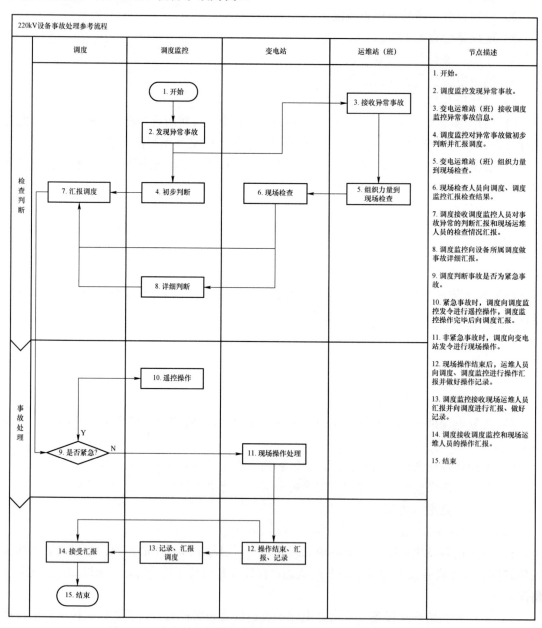

图 3-4 变电站设备事故处理流程（以 220kV 设备事故为例）

3.3　变电运维传统业务实践案例

3.3.1　倒闸操作案例

以 110kV 嘉防变电站教学 1645 线由运行改为冷备用为例，由值长、正值、副值三人作为执行单元，具体过程如表 3-4 所示。

表 3-4　　　　　　　110kV 嘉防变电站教学 1645 线停役倒闸操作案例

阶段	值长	正值（监护人）	副值（操作人）
接预令	1. 你好！我是嘉防变电站值长×××（确认对方值班调控身份正确后）； 2. 请稍等，正值×××，副值×××； 4. 你们注意监听； 6. 请说； 7. 请稍候，我记录一下	3. 到； 5. 明白（集中注意力认真监听）	3. 到； 5. 明白（集中注意力认真监听）
复诵	1. 我复诵一遍，地调×××，发布操作预令，共 1 项，嘉防变电站教学 1645 线由运行改为冷备用，操作目的保护校验； 2. 请问预定操作时间？ 3. 明白，教学 1645 运行方式符合预令要求	认真监听	认真监听
布置副值开票	1. 正值×××，副值×××； 3. 地调×××，发布操作预令，共 1 项，嘉防变电站教学 1645 线由运行改为冷备用，操作目的为保护校验，由×××负责开票，由×××负责审票，开票前先核对本站一次运行方式及教学 1645 间隔实际运行状态，可以参阅典型操作票，是否明白？ 5. 请副值×××复诵一遍； 7. 对，开始开票	2. 到； 4. 明白（在值长布置开票时倾听，在副值检查一次运行方式及操作有关设备实际运行状态时同时检查后台画面）	2. 到； 4. 明白； 6. 明白，地调×××，发布操作预令，共 1 项，嘉防变电站教学 1645 线由运行改为冷备用，操作目的为保护校验，由我负责开票，开票前先核对本站一次运行方式及教学 1645 间隔实际运行状态，可以参阅典型操作票； 8. 明白，模拟图检查本站一次运行方式符合操作要求，教学 1645 间隔确在运行状态，后台检查本站一次运行方式符合操作要求，教学 1645 间隔确在运行状态，开始拟票
审票	6. 明白； 7. 操作票审核正确，符合现场实际运行方式，满足运行要求，达到操作目的	3. 明白； 4. 操作票审核正确，符合现场实际运行方式，满足运行要求，达到操作目的； 5. 请值长审票	1. 操作票拟票完毕，自审正确； 2. 请正值审票
危险点分析及预控	1. 正值×××、副值×××； 2. 本次操作目的：教学 1645 间隔保护校验，预定操作时间为 2019 年 10 月 15 日 10：30，是否明白？ 3. 下面我们对本次操作进行危险点分析和预控：由正值先发言； 7. 副值×××是否有补充？ 9. 很好，本次危险点分析和预控比较到位	2. 到； 4. 明白； 6. 明白，本次操作中主要危险点有带负荷拉隔离开关，控制措施：操作时注意检查断路器，隔离开关是否分闸到位； 10. 明白	2. 到； 4. 明白； 8. 没有补充； 10. 明白

续表

阶段	值长	正值（监护人）	副值（操作人）
接正令	1. 你好！我是嘉防变电站值长×××（确认对方值班调控身份正确后）； 2. 请稍等，正值×××，副值×××； 4. 你们注意监听； 6. 请说； 7. 请稍候，我记录一下	3. 到； 5. 明白；（拿起操作票，手指操作任务，认真监听集中注意力认真监听）	集中注意力认真监听
复诵	1. 我复诵一遍，地调×××，发布正令，共1项，嘉防变电站教学1645线由运行改为冷备用，操作目的保护校验（调度确认后）正令时间：10：30，我执行了，再见！ 3. 对，与原发预令及运行方式一致	2. 与原发预令及运行方式一致（拿起操作票，手指操作任务，认真监听）	集中注意力认真监听
布置操作任务	1. 正值×××、副值×××； 3. 2019年10月15日10：30，地调××发布1个操作正令，嘉防变电站教学1645线由运行改为冷备用，操作目的为保护校验； 5. 本次操作监护人×××，操作人×××，操作中做好本次操作危险点的预控，正确使用安全工器具！是否明白？ 9. 对，可以开始操作，我负责监盘	2. 到； 4. 明白，2019年10月15日10：30，地调××发布1个操作正令，嘉防变电站教学1645线由运行改为冷备用，操作目的为保护校验； 6. 明白，操作中注意本次危险点分析及预控措施，设备操作后检查要到位！ 7. 监护人：×××	2. 到； 4. 明白，2019年10月15日10：30，地调××发布1个操作正令，嘉防变电站教学1645由运行改为冷备用，操作目的为保护校验； 6. 明白，操作中注意本次危险点分析及预控措施，设备操作后检查要到位！ 8. 操作人×××
签名		1. 现在进行操作签名，监护人：×××； 2. 请签名	3. 明白，操作人×××
准备操作工器具		1. 现在开始准备操作工器具； 3. 安全帽外观无破损，在试验有效期内，佩戴安全帽； 6. 对，穿好绝缘靴； 8. 对； 10. 对，带好操作工具； 11. 下面我们进行模拟预演	2. 明白； 3. 安全帽外观无破损，在试验有效期内； 5. 绝缘靴底部无裂纹、外观无破损、无漏气，且在试验合格期内，正常； 7. 绝缘手套外观无破损、无裂纹，无漏气，在试验合格期内，正常； 9. 验电笔外观检查正常、音响灯光试验正常，在试验合格期内，工器具检查正常； 12. 明白
模拟预演		1. 现在开始模拟预演； 3. 对，第一步，拉开教学1645断路器； 5. 对，执行； …… 7. 结束模拟，传送操作票并核对； 9. 对	2. 明白，教学1645间隔！ 4. 拉开教学1645开关！ …… 8. 明白； 10. 模拟预演正确
正式操作		1. 现在开始正式操作，2019年10月15日10：40，操作任务：嘉防变电站教学1645线由运行改为冷备用； 3. 第一步 拉开×××线断路器	2. 操作任务：嘉防变电站教学1645线由运行改为冷备用； 4. 明白
断路器操作		2. 对！ 4. 对！拉开教学1645线断路器！ 6. 对，执行！ 9. 对，下一步，检查教学1645线断路器确在分闸位置	1. 教学1645间隔！ 3. 教学1645线断路器、教学1645线断路器现在运行状态！ 5. 拉开教学1645线断路器！ 8. 断路器变位正确，潮流为零； 10. 明白

阶段	值长	正值（监护人）	副值（操作人）
检查位置		2. 对，检查教学 1645 线断路器确在分闸位置； 4. 对，执行； 6. 下一步，拉开教学 1645 线路隔离开关	1. 教学 1645 线断路器！ 3. 检查教学 1645 线断路器确在分闸位置； 5. 教学 1645 线断路器机械指示确在分闸位置，断路器情况正常。
线路隔离开关操作		2. 对； 3. 拉开教学 1645 线路隔离开关； 5. 对，执行； 7. 下一步检查教学 1645 线路隔离开关确在分闸位置	1. 教学 1645 线路隔离开关，现在合闸位置； 4. 拉开教学 1645 线路隔离开关； 6. 明白
线路隔离开关检查		1. 检查教学 1645 线路隔离开关确在分闸位置； 3. 对，执行； 5. 对，上锁，下一步拉开教学 1645 母线隔离开关	2. 检查教学 1645 线路隔离开关确在分闸位置； 4. A 相分闸、B 相分闸、C 相分闸、教学 1645 线路隔离开关三相确已分闸； 6. 明白
母线隔离开关操作		2. 对，拉开教学 1645 母线隔离开关！ 4. 对，执行！ 6. 对，下一步检查教学 1645 母线隔离开关确在分闸位置	1. 教学 1645 母线隔离开关，现在合闸位置； 3. 拉开教学 1645 母线隔离开关； 5. 明白
母线隔离开关操作		1. 检查教学 1645 母线隔离开关确在分闸位置； 3. 对，执行； 5. 对，上锁，下一步拉开教学 1645 线路电压互感器低压断路器 ZKK1	2. 检查教学 1645 母线隔离开关确在分闸位置； 4, A 相分闸、B 相分闸、C 相分闸、教学 1645 母线隔离开关三相确已分闸； 6. 明白
线路电压互感器低压断路器操作		2. 对，开门； 4. 对，拉开教学 1645 线路电压互感器低压断路器 ZKK1； 6. 对，执行！ 8. 对，关闭箱门，下一步取下教学 1645 保护跳闸出口连接片	1. 教学 1645 线路电压互感器端子箱； 3. 教学 1645 线路电压互感器低压断路器 ZKK1； 5. 拉开教学 1645 线路电压互感器低压断路器 ZKK1； 7. 教学 1645 线路电压互感器低压断路器 ZKK1 确已拉开； 9. 明白
保护跳闸出口连接片操作		2. 对，开门； 4. 对，取下教学 1645 保护跳闸出口连接片； 6. 对，执行！ 8. 对，下面我们回控制室进行后台检查	1. 教学 1645 线智能组件箱； 3. 教学 1645 保护跳闸出口连接片 4CLP1，现在放上位置； 5. 取下教学 1645 保护跳闸出口连接片 4CLP1； 7. 教学 1645 保护跳闸出口连接片 4CLP1 确已取下； 10. 明白
操作结束	1. 后台监盘情况正常，遥信、遥测、报文、光字均正常	3. 对，五防钥匙回传； 5. 对，2019 年 10 月 15 日 11：05 本次操作结束	2. 现场后台机检查遥信、遥测、报文、光字均正常； 4. 明白，五防钥匙回传完毕，设备画面检查正确
汇报值长	2. 好，操作执行正确，我现在向地调进行操作汇报，请注意监听	1. 报告值长，2019 年 10 月 15 日 11：05 嘉防变电站教学 1645 线由运行改为冷备用的操作任务已完成，操作情况正常，达到操作目的，请核查！ 3. 明白	3. 明白

续表

阶段	值长	正值（监护人）	副值（操作人）
汇报调度、调度工作	1. 你好！我是嘉防变电站值长××、现在进行操作汇报：10：30发布的操作指令：嘉防变电站教学1645线由运行改为冷备用！现已全部操作完毕，情况正常，操作结束时间11：05（地调核对并确认状态）； 2. 对，再见！ 3. 正值×××、副值×××，由你们改正模拟图板，签销操作票，并将操作工器具及钥匙放回原位，我来完善记录	4. 到； 5. 明白	4. 到； 5. 明白
改正图板、签销操作票		1. 副值×××； 3. 现在我们改正模拟图板 6. 对…… 7. 模拟图版改正完毕，副值×××； 9. 你负责将操作工器具及钥匙放回原位，我来签销操作票	2. 到； 4. 明白； 5. 拉开××断路器、拉开… 8. 到； 10. 明白
复查评价	3. 好，现在对本次操作进行评价：本次操作中对规范执行到位，对设备操作较为熟练，整个过程流畅，表现良好，继续保持	2. 明白，报告值长，模拟图板已改正完毕，操作票已签销，操作工器具及钥匙已放回原位 4. 明白	1. 操作工器具及钥匙已放回原位； 4. 明白

3.3.2 事故异常处理案例

1. 220kV ××变电站1号主变压器C相绕组匝间短路事故

以220kV ××变电站1号主变压器C相绕组匝间短路事故为例，具体处置过程如表3-5所示。

表3-5　220kV ××变电站1号主变压器C相绕组匝间短路事故异常处理案例

事故案例名称			1号主变压器C相绕组匝间短路
变电站现场情况	当地后台情况	断路器跳闸情况	1号主变压器220kV、1号主变压器110kV、1号主变压器35kV断路器跳闸
		光字、报文情况	1. 1号主变压器本体重瓦斯保护动作，1号主变压器保护第一套、第二套差动保护动作，1号主变压器本体非电气量保护动作光字亮及出现相应报文。 2. 220kV故障录波器动作、110kV故障录波器动作、35kV故障录波器动作、主变压器故障录波器动作等光字亮及出现相应报文
		电压、电流、负荷变化情况	电压：220kV 正母线电压___kV； 220kV 副母线电压___kV； 110kV 正母线电压___kV； 110kV 副母线电压___kV； 35kV I 段母线电压___kV； 35kV II 段母线电压___kV。 潮流：1号主变压器220kV 侧：___A，___MW； 110kV 侧：___A，___MW； 35kV 侧：___A，___MW。 2号主变压器220kV 侧：___A，___MW； 110kV 侧：___A，___MW； 35kV 侧：___A，___MW。 3号主变压器220kV 侧：___A，___MW； 110kV 侧：___A，___MW； 35kV 侧：___A，___MW； 220kV 母联断路器：___A，___MW； 35kV 母分断路器：___A，___MW

续表

事故案例名称			1号主变压器C相绕组匝间短路
变电站现场情况	当地后台情况	主变压器过负荷情况	检查运行主变压器潮流： 2号主变压器＿＿MW　□正常　□异常 3号主变压器＿＿MW　□正常　□异常
	一次设备	跳闸断路器（分合位置、机构压力等）	1. 现场检查开关分合位置：1号主变压器220kV断路器三相分闸，1号主变压器110kV断路器三相分闸，1号主变压器35kV断路器三相分闸。 2. 断路器压力及机械位置指示：□正常　□异常 3. 异常现象：无
		设备损坏情况	现场检查设备发现： 1. 1号主变压器三侧断路器间隔：检查三侧间隔内设备无异常。 2. 1号主变压器本体：油位异常，有异味、冒烟现象。 3. 检查1号主变压器气体继电器内有气体，收集气体。 1号主变压器附属设备：□正常　□异常
		主变压器温度及冷却器运转情况	主变压器温度：2号主变压器＿＿℃，□正常　□异常
		站用电情况	站用电状态：□正常　□异常
	二次设备	保护动作情况（含重合闸及失灵）	1. 检查1号主变压器PST1210UB非电气量保护屏上液晶显示屏上显示1号主变压器重瓦斯保护动作，1号主变压器本体重瓦斯报警灯亮。 2. 检查1号主变压器PST1210UB非电气量保护屏上高压操作箱PCX上1号主变压器220kV断路器跳位指示灯亮，中低压操作箱PCX上1号主变压器110、35kV断路器跳位指示灯亮。 3. 检查1号主变压器RCS－978电气量保护屏（一）、（二）保护装置跳闸灯亮，液晶显示屏上显示差动保护动作报文。 4. 抄录各保护动作信号灯情况，打印1号主变压器保护一、保护二、非电气量保护动作报告
		故障录波报告	1. 打印220kV故障录波器、110kV故障录波器、35kV故障录波器、主变压器故障录波器波形及故障报告。 2. 主变压器故障录波器报告显示：故障相别：＿C＿相；故障电流：＿＿kA
综合分析	保护动作行为		1. 1号主变压器C相绕组匝间短路引起1号主变压器重瓦斯保护动作瞬时切除主变压器三侧断路器； 2. 1号主变压器第一套、第二套差动保护应同时动作出口
	判定事故原因，确定故障点		根据保护动作行为，判定故障点为1号主变压器绕组匝间短路，主变压器本体内部故障
	对目前运行影响		当一台主变压器跳闸后，有可能引起另一台主变压器的过负荷，监视运行主变压器过负荷状况，加强特巡和测温
汇报调度及运维单位			1. 向调度汇报故障情况：×月×日×时×分，××运维班××变1号主变压器重瓦斯保护动作，跳1号主变压器三侧断路器，经现场检查，三侧间隔无异常情况，主变压器本体油位异常，有异味、冒烟现象。 2. 向运维单位简要汇报故障情况，×月×日×时×分，××变1号主变压器重瓦斯保护动作，跳1号主变压器三侧断路器，经现场检查，三侧间隔无异常情况，主变压器本体油位异常，有异味、有冒烟现象
隔离故障点			根据调度命令： ××变电站1号主变压器三侧间隔由热备用改为冷备用
恢复送电			不涉及（自耦变压器高中压侧中性点直接接地）
记录簿册			1. 运行日志； 2. 操作记录； 3. 事故异常记录； 4. 断路器跳闸记录； 5. 保护动作记录； 6. 完成断路器跳闸报告（相关故障报告的收集）

2. 220kV ××变电站220kV某2P64线线路C相永久接地事故

以220kV ××变电站220kV某2P64线线路C相永久接地事故为例，具体处置过程如表3-6所示。

表3-6　220kV ××变电站220kV 某2P64 线线路 C 相永久接地事故处理案例

事故案例名称			220kV 某2P64 线 C 相永久接地
变电站现场情况	当地后台情况	断路器跳闸情况	某2P64 线断路器跳闸
		光字、报文情况	某2P64 线第一套保护 CSL101A 动作、重合闸动作、第二套保护 RCS－901A 动作，第一组出口跳闸、第二组出口跳闸，220kV 线路故障录波器启动光示亮并出现相应报文
		电压、电流、负荷变化情况	电压：220kV 正母____kV；220kV 副母____kV； 潮流：××4Q25 线 A：____A，P：____MW； ××4Q26 线 A：____A，P：____MW； 某2P64 线 A：____A，P：____MW； 220kV 母联__A：____A，P：____MW
		主变压器过负荷情况	不涉及
	一次设备	跳闸断路器（分合位置、机构压力等）	现场检查断路器分合位置：某2P64 断路器三相分闸。 断路器压力及机械位置指示：□正常　□异常 异常现象：
		设备损坏情况	现场设备发现： 线路：某2P64 线间隔至第一个铁塔范围内，未发现异常； 开关：某2P64 线断路器分闸，本体无损坏； 隔离开关：□正常　□异常
		主变压器温度及冷却器运转情况	不涉及
		站用电情况	不涉及
	二次设备	保护动作情况（含重合闸及失灵）	1. 某2P64 线第一套保护装置、第二套保护装置上跳 A、跳 B、跳 C 灯亮，重合闸灯亮，断路器跳位灯亮；屏幕显示距离保护动作，零序保护动作，故障测距，故障相别； 2. 重合闸装置显示单相跳闸启动重合闸；操作箱上第一组跳闸线圈、第二组跳闸线圈跳 A、跳 B、跳 C 灯亮，重合闸灯亮； 3. 抄录各保护动作信号灯情况，打印第一套保护、第二套保护及重合闸动作报告
		故障录波报告	打印 220kV 故障录波器动作报告及故障波形： 故障测距：____km； 故障相别：__C__相； 故障电流：____kA
综合分析		保护动作行为	某2P64 线 C 相接地，第一套保护装置、第二套保护装置距离保护动作，零序保护动作，某2P64 线 C 相跳闸，重合闸动作；C 相重合，故障仍存在，重合闸后加速动作，跳某2P64 线三相断路器
		判定事故原因，确定故障点	根据保护装置跳闸报告、故障录波波形和故障测距，分析故障原因是某2P64 线线路 C 相永久接地
		对目前运行影响	某2P64 线断路器跳闸后，造成用户停电，影响供电可靠性
汇报调度及运维单位			1. 向调度汇报故障情况：×月×日×时×分，××运维班××变电站某2P64 线第一套、第二套线路保护动作（距离保护动作，零序保护动作），C 相断路器跳闸，重合闸动作，重合于故障线路，重合闸后加速动作，三相断路器跳闸，经现场检查，所内设备无明显故障点，保护动作报告上故障测距：____km，故障相别：__C__相。 2. 向运维单位简要汇报故障情况：×月×日×时×分，××变电站某2P64 线第一套、第二套线路保护动作，C 相断路器跳闸，重合闸动作，重合于故障线路，重合闸后加速动作，三相断路器跳闸，经现场检查，所内设备无明显故障点
隔离故障点			根据调度命令：××变电站某2P64 线由副母热备用改为冷备用
恢复送电			不涉及
记录簿册			1. PMS 运行日志； 2. PMS 运行簿册中操作记录； 3. PMS 运行簿册中事故异常记录； 4. PMS 运行簿册中断路器跳闸记录； 5. PMS 运行簿册中保护动作记录； 6. 完成断路器跳闸报告（相关故障报告的收集）

第4章

设 备 状 态 评 价

4.1 设备状态管控业务介绍

4.1.1 变电设备主人带电检测业务介绍

设备主人带电检测工作应坚持"安全第一、稳步推进、以点带面、全员参与"的原则，严格执行现场标准化作业，持卡开展，应细化工作步骤、量化关键工艺，工作前严格审核，工作中逐项执行，工作后责任追溯，确保带电检测作业质量。

运检管理部门可根据运维人员带电检测技术技能水平和工作实际，将本单位带电检测工作采取分片区或分项目方式，逐步由设备主人部分或全部承担，提升设备主人的带电检测水平，提高设备主人对设备状态的管控力。设备主人开展的带电检测项目可分为基本项目和拓展项目，各单位应按照"成熟一项、移交一项"的原则，结合本单位实际情况调整设备主人承担的检测项目。

（1）基本项目：电气设备红外热成像检测（精测）、红外检漏、紫外电晕检测、开关柜地电波检测、接地引下线导通检测、变压器铁芯与夹件接地电流测试、蓄电池内阻测试和蓄电池核对性充放电检测等。

（2）拓展项目：特高频局放检测、GIS 设备超声局部放电、避雷器带电测试、SF_6 气体检测（分解物、纯度、微水）等。

4.1.2 变电设备"一站一库"管理业务介绍

为进一步提高运检管理精益化水平，开展以设备主人为主体、检修运维全方位参与的变电"一站一库"建设。"一站一库"是以变电站为单位，全面梳理汇总站内电气设备、土建设施、辅助设施等存在的所有问题，主要来源于缺陷、反措、隐患、精益化、周期管控和其他问题等六类，作为各单位生产计划编制、技改大修立项、设备状态评价、运检工作落地的重要依据和抓手。

4.1.3　监控异常信号及设备状态评价业务介绍

根据国家电网公司关于开展集控站建设的总体部署,各电力公司正开展变电站监控业务移交工作。为优化变电站监控模式,提高变电设备监控强度与运维管理细度,助推设备主人制落地,有必要开展变电设备主人监控异常信号及设备缺陷分析业务。

设备主人与运检管理部门共同协作每日开展缺陷 PMS 填报审核,确保缺陷填报的规范性、正确性;每周开展发热、漏气、漏油、异响放电等趋势类缺陷跟踪管控,确保缺陷可控能控;每月按照新增缺陷设备类型、现象开展缺陷分类分析,并将分析结果作为公司缺陷月报内容按月发布,差异化掌握了设备状态,为专业针对性开展消缺提供了一手资料。

4.2　设备状态管控业务实施

4.2.1　变电设备带电检测业务实施

1. 带电检测管理业务要求

设备主人必须熟悉所承担带电检测项目的基准周期、原理、标准和做法,熟练掌握所承担带电检测项目必需的技术技能。可在运检部统筹安排下,通过检修跟班学习、理论和技能培训等手段,逐步掌握带电检测拓展项目,开展技术含量高、判断难度大或者需要定量分析的精确检测,实现设备主人"检测评价专业化"。

根据设备主人所承担的带电检测项目,并结合实际,统筹考虑和逐步配置设备主人带电检测工作所需的各类仪器仪表。建立带电检测专业技术支撑团队,为设备主人带电检测工作开展提供专业指导和技术支撑,对设备主人带电检测过程中发现的疑难问题给出专业判断和分析意见,并定期对设备主人进行带电检测技能培训,不断提高设备主人带电检测技术技能水平。

设备主人团队负责在运检部统筹安排和指导下,对设备主人、检修班组所承担项目的带电检测报告,统一进行收集、审核、分析、评价和归档,并协同对带电检测过程中发现的设备异常及缺陷进行跟踪管控,督促设备主人将设备异常及缺陷及时纳入"一站一库"进行管理,督促检修单位及时整改、消缺。

设备主人执行单位负责协助运检部统筹编制和平衡本单位带电检测年度工作计划,结合设备主人团队工作计划的编制,制定设备主人团队带电检测抽检计划,并报运检部专职审核后实施。

设备主人团队结合"一站一库"对检修设备进行停电前、检修后红外测温及开关柜局部放电试验,做到缺陷零遗漏、异常全排除,确保设备正常运行。

设备主人团队梳理编制发热、重载设备过程闭环跟踪表,做到各类发热或异常点的及时登记、更新、反馈,并就典型问题进行专项分析,做好设备状态辅助评价工作;加强 GG1A

开关柜的开柜检测，加强成套装置的带电检测，在成套装置和大电流柜加装红外测温窗口，试点推行大电流柜开关触头无线测温，通过机器人测温、远程无线测温等技术手段完善测温手段。

2. 带电检测技能业务实施

通常情况下，选用便携式检测设备开展带电检测工作。要求在电气设备运行状态下，在设备区对设备状态量开展检测，这种检测方式为带电短时间内的测试，而不是长期连续的在线监测。

（1）暂态地电压检测。电气设备发生局部放电时，在接地的金属表面将产生瞬时的对地电压，这个暂态地电压将沿金属的外表向各个方向传播，通过检测暂态地电压可以有效地实现对电力设备局部放电的判别和定位。dB 表示电气设备局部放电信号的强度的一种单位，采用信号幅值与基准值的比值的对数来表征，即 20log（信号幅值/基准值），单位为 dB。暂态地电压参考检测位置示意图如图 4−1 所示。

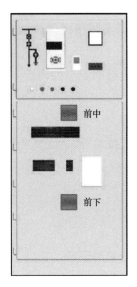 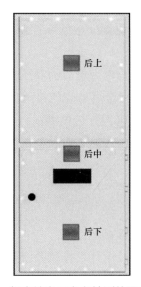 

图 4−1 暂态地电压参考检测位置示意图

1）检测环境如表 4−1 所示。

表 4−1 检 测 环 境

环境温度（℃）	环境相对湿度（%）	大气压力（kPa）
−10～+55	0～85	80～110

2）仪器性能要求如表 4−2 所示。

表 4−2 仪 器 性 能 要 求

测量量程（dBmV）	分辨率（dBmV）	误差（dBmV）	传感器频率范围（MHz）
0～60	1	不超过±2	3～100

3）检测人员应具备如下条件：

a. 熟悉暂态地电压局部放电检测的基本原理、诊断程序和缺陷定性的方法；了解暂态地电压局部放电检测仪的技术参数和性能；掌握暂态地电压局部放电检测仪的使用方法；

b. 了解开关柜设备的结构特点、运行状况；

c. 熟悉本标准，接受过暂态地电压局部放电检测技术的培训，具备现场测试能力；

d. 具有一定的现场工作经验，熟悉并严格遵守电力生产和工作现场的相关安全管理规定。

4）应符合以下要求：

a. 应执行国家电网安监〔2009〕664 号《国家电网公司电力安全工作规程（变电部分）》的相关要求；

b. 应执行相关变（配）电站巡视的要求；

c. 检测应至少由两人进行，并严格执行保证安全的组织措施和技术措施；

d. 应有专人监护，监护人在检测期间应始终行使监护职责，不得擅离岗位或兼职其他工作；

e. 应确保操作人员及测试仪器与电力设备的高压部分保持足够的安全距离；

f. 不得操作开关柜设备，开关柜金属外壳应接地良好；

g. 设备投入运行 30min 后，方可进行带电测试；

h. 测试现场出现明显异常情况时（如异声、电压波动、系统接地等），应立即停止测试工作并撤离现场。

5）检测条件应符合以下要求：

a. 开关柜设备上无其他作业；

b. 开关柜金属外壳应清洁并可靠接地；

c. 应尽量避免干扰源（如气体放电灯、排风系统电机）等带来的影响；

d. 进行室外检测应避免天气条件对检测的影响；

e. 雷电时禁止进行检测。

6）检测周期应符合以下要求：

a. 新投运和解体检修后的设备，应在投运后 1 个月内进行一次运行电压下的检测，记录开关柜每一面的测试数据作为初始数据，以后测试中作为参考；

b. 暂态地电压检测至少一年一次；

c. 对存在异常的开关柜设备，在该异常不能完全判定时，可根据开关柜设备的运行工况缩短检测周期。

7）按下述步骤进行检测准备：

a. 检查仪器完整性，确认仪器能正常工作，保证仪器电量充足或者现场交流电源满足仪器使用要求；

b. 对于高压开关柜设备，在每面开关柜的前面、后面均应设置测试点；具备条件时，在侧面设置测试点，检测位置可参考图 4-1。

8）检测部位选取的原则：

a. 一般按照前面、后面、侧面进行选择布点，前面选 2 点，后面、侧面选 3 点，后面、侧面的选点应根据设备安装布置的情况确定；

b. 如存在异常信号，则应在该开关柜进行多次、多点检测，查找信号最大点的位置；

c. 应尽可能保持每次测试点的位置一致，以便于进行比较分析；

d. 根据现场需要设置相应的检测位置。

9）检测步骤如下：

a. 检测准备；

b. 测试环境（空气和金属）中的背景值，并在表格中记录。一般情况下，测试金属背景值时可选择开关室内远离开关柜的金属门窗；测试空气背景时，可在开关室内远离开关柜的位置，放置一块 20cm×20cm 的金属板，将传感器贴紧金属板进行测试；

c. 对开关柜进行检测，检测时传感器应与高压开关柜柜面紧贴并保持相对静止，待读数稳定后记录结果，如有异常再进行多次测量；

d. 一般可先采用常规检测，若常规检测发现异常，再采用定位检测进一步排查；

e. 对于异常数据应及时记录保存，记录故障位置；

f. 填写设备检测数据记录表，进行检测结果分析；

g. 注意测试过程中应避免信号线、电源线缠绕一起。排除干扰信号，必要时可关闭开关室内照明灯及通风设备。

10）结果分析方法。暂态地电压结果分析方法可采取纵向分析法、横向分析法。判断指导原则如表 4-3 所示。

表 4-3　　　　　　　　　　　测试结果及应对策略

测试结果	应对策略
检测结果与环境背景的差值大于 20dBmV	需查明原因
检测结果与历史数据的差值大于 20dBmV	需查明原因
检测结果与邻近开关柜检测结果的差值大于 20dBmV	需查明原因
必要时，进行局部放电定位、超声波检测等诊断性检测	

（2）超声波局部放电检测。当电气设备绝缘内部发生局部放电时，同时会产生有超声波信号。超声波信号由局部放电源沿着绝缘介质和金属件传递到电气设备的外壳，同时向四周空气传播。利用在电气设备表面安装的超声波传感器，可耦合到局部放电发生时的超声波信号，从而判断电气设备的绝缘状况好坏。

1）超声波检测仪器的要求如表 4-4 所示。

表 4-4　　　　　　　　　　　超声波检测仪器的要求

测量量程（dBmV）	传感器频率范围（kHz）	分辨率（dBmV）	误差（dBmV）
0~60	20~200	1	不超过±2

2）结果分析如表 4-5 所示。

表4-5 测 试 结 果 分 析

测试结果（dBmV）	声音信号	放电现象	应对策略
<0	没有声音信号	未发现明显的放电现象	进行下一次检查
<8	有轻微声音信号	检测到轻微的放电现象	缩短检测周期
>8	有明显声音信号	检测到明显的放电现象	对设备采取相应的措施

3）检测数据分析。

① 纵向分析法是对同一个开关柜不同时刻的暂态地电压测试结果进行历史性比较，进而判断开关柜的运行状况和设备缺陷的发展趋势。电力工作人员应该根据五通的要求，对开关室内开关柜进行周期性检测，并将每次检测的结果存档备份，对比分析。

② 横向比较法是同一时间对同一个开关室内同类开关柜的暂态地电压测试结果进行比较，对比结果用于判断开关柜的运行状况。当某一开关柜个体测试结果大于所有其他同类开关柜的测试结果和环境背景值时，可以大致推断该设备可能存在缺陷。

（3）红外热像检测。

1）一般检测要求。

a. 环境温度不宜低于 5℃，一般按照红外热像检测仪器的最低温度掌握；

b. 环境相对湿度不宜大于 85%；

c. 风速一般不大于 5m/s，若检测中风速发生明显变化，应记录风速；

d. 天气以阴天、多云为宜，夜间图像质量为佳；

e. 不应在有雷、雨、雾、雪等气象条件下进行；

f. 户外晴天要避开阳光直接照射或反射进入仪器镜头，在室内或晚上检测应避开灯光的直射，宜闭灯检测；

g. 被检测设备为带电运行设备，应尽量避开视线中的封闭遮挡物，如门和盖板等。

2）精确检测要求。除满足一般检测的环境要求外，还满足以下要求：

a. 风速一般不大于 0.5m/s；

b. 检测期间天气为阴天、多云天气、夜间或晴天日落 2h 后；

c. 避开强电磁场，防止强电磁场影响红外热像仪的正常工作；

d. 被检测设备周围应具有均衡的背景辐射，应尽量避开附近热辐射源的干扰，某些设备被检测时还应避开人体热源等的红外辐射。

3）待测设备要求：

a. 待测设备处于运行状态；

b. 精确测温时，待测设备连续通电时间不小于 6h，最好在 24h 以上；

c. 待测设备上无其他外部作业；

d. 电流致热型设备最好在高峰负荷下进行检测；否则，一般应在不低于 30%的额定负荷下进行，同时应充分考虑小负荷电流对测试结果的影响。

4）人员要求。进行电力设备红外热像检测的人员应具备如下条件：

a. 熟悉红外诊断技术的基本原理和诊断程序；

b. 了解红外热像仪的工作原理、技术参数和性能；

c. 掌握热像仪的操作程序和使用方法；

d. 了解被测设备的结构特点、工作原理、运行状况和导致设备故障的基本因素；

e. 具有一定的现场工作经验，熟悉并能严格遵守电力生产和工作现场的相关安全管理规定；

f. 应经过上岗培训并考试合格。

5）安全要求：

a. 应严格执行 Q/GDW 1799.1—2013《电力安全工作规程　变电部分》、《国家电网公司电力安全工作规程（配电部分）（试行）》及 Q/GDW 1799.2—2013《国家电网公司电力安全工作规程　线路部分》的相关要求：

b. 应在良好的天气下进行，如遇雷、雨、雪、雾不得进行该项工作，风力大于 5m/s 时，不宜进行该项工作；

c. 检测时应与设备带电部位保持相应的安全距离；

d. 进行检测时，要防止误碰误动设备；

e. 行走中注意脚下，防止踩踏设备管道；

f. 应有专人监护，监护人在检测期间应始终行使监护职责，不得擅离岗位或兼任其他工作。

6）检测步骤。

① 一般检测。

a. 仪器开机，进行内部温度校准，待图像稳定后对仪器的参数进行设置。

b. 根据被测设备的材料设置辐射率，作为一般检测，被测设备的辐射率一般取 0.9 左右。

c. 设置仪器的色标温度量程，一般宜设置在环境温度加 10～20K 左右的温升范围。

d. 开始测温，远距离对所有被测设备进行全面扫描，宜选择彩色显示方式，调节图像使其具有清晰的温度层次显示，并结合数值测温手段，如热点跟踪、区域温度跟踪等手段进行检测。应充分利用仪器的有关功能，如图像平均、自动跟踪等，以达到最佳检测效果。

e. 环境温度发生较大变化时，应对仪器重新进行内部温度校准。

f. 发现有异常后，再有针对性地近距离对异常部位和重点被测设备进行精确检测。

g. 测温时，应确保现场实际测量距离满足设备最小安全距离及仪器有效测量距离的要求。

② 精确检测。

a. 为了准确测温或方便跟踪，应事先设置几个不同的方向和角度，确定最佳检测位置，并可做上标记，以供今后复测用，提高互比性和工作效率。

b. 将大气温度、相对湿度、测量距离等补偿参数输入，进行必要修正，并选择适当的测温范围。

c. 正确选择被测设备的辐射率，特别要考虑金属材料表面氧化对选取辐射率的影响。

d. 检测温升所用的环境温度参照物体应尽可能选择与被测试设备类似的物体，且最好能在同一方向或同一视场中选择。

e. 测量设备发热点、正常相的对应点及环境温度参照体的温度值时，应使用同一仪器相继测量。

f. 在安全距离允许的条件下，红外仪器宜尽量靠近被测设备，使被测设备（或目标）尽量充满整个仪器的视场，以提高仪器对被测设备表面细节的分辨能力及测温准确度，必要时，可使用中、长焦距镜头。

g. 记录被检设备的实际负荷电流、额定电流、运行电压，被检物体温度及环境参照体的温度值。

7）检测验收。

a. 检查检测数据是否准确、完整；

b. 恢复设备到检测前状态；

c. 发现检测数据异常及时上报相关运维管理单位。

8）判断方法。

a. 表面温度判断法。主要适用于电流致热型和电磁效应引起发热的设备。根据测得的设备表面温度值，对照 GB/T 11022 中高压开关设备和控制设备各种部件、材料及绝缘介质的温度和温升极限的有关规定，结合环境气候条件、负荷大小进行分析判断。

b. 同类比较判断法。根据同组三相设备、同相设备之间及同类设备之间对应部位的温差进行比较分析。

c. 图像特征判断法。主要适用于电压致热型设备。根据同类设备的正常状态和异常状态的热像图，判断设备是否正常。注意尽量排除各种干扰因素对图像的影响，必要时结合电气试验或化学分析的结果，进行综合判断。

d. 相对温差判断法。主要适用于电流致热型设备。特别是对小负荷电流致热型设备，采用相对温差判断法可降低小负荷缺陷的漏判率。对电流致热型设备，发热点温升值小于15K 时，不宜采用相对温差判断法。

e. 档案分析判断法。分析同一设备不同时期的温度场分布，找出设备致热参数的变化，判断设备是否正常。

f. 实时分析判断法。在一段时间内使用红外热像仪连续检测某被测设备，观察设备温度随负载、时间等因素变化的方法。

4.2.2 变电设备"一站一库"管理业务实施

1. 变电设备"一站一库"管理推进要求

为进一步规范变电站"一站一库"建设工作，强化运检设备主人主动作为、责任担当意识，提升变电设备全寿命周期管控能力，提升变电精益化管理水平需要做到以下方面：

（1）成立变电设备主人工作小组。组建以运检部分管领导为组长的变电"一站一库"建设工作小组，明确各自的职责和分工，落实各环节管控流程，确保"一站一库"动态更新和及时闭环。

（2）落实责任到人。明确了"一站一库"编制、审核、更新、管控、闭环等工作的监督考核机制；基于智能运检管控平台成立变电站"一站一库"建设工作指导小组、专业支撑小组、设备主人维护小组，成立班组"一站一库"建设团队，直接调动班组维护人员进行"一站一库"的建设、维护，督促检修单位进行整改闭环。

（3）编制指导手册。编制了《"一站一库"检查手册（试行）》，对设备主人团队开展设备管理拓展性培训，强化设备主人业务能力和知识储备，提升发现和归纳"一站一库"中设备反措或隐患的水平，并结合工程项目"回头看"由驻站设备主人团队及时将遗留的工程问题录入"一站一库"并督促整改闭环。

（4）拓展"一站一库"应用。依据"一站一库"提出检修需求计划，深入参与年、月、周计划的完善和平衡，对停电范围内存在的缺陷、隐患、反措纳入停电检修计划，提出设备主人建议，力争每项工作都做到应修必修，一停多用；设备主人核心团队负责会同检修单位现场踏勘，提出检修需求，明确检修策略，此外还对"一站一库"记录问题实行差异化运维，由设备主人核心团队分析评估存在大风险的问题，制作提醒清单，作为每次巡视、维护的重点跟踪对象，并制定相应预控措施和应急预案。

"一站一库"是以变电站为单位，全面梳理汇总站内电气设备、土建设施、辅助设施等存在的需要停电或不停电处理的所有问题，主要来源于缺陷、反措、隐患、精益化、周期管控和其他问题等六类，并记录问题整改闭环情况。"一站一库"应作为各单位生产计划编制、技改大修立项、设备状态评价、运检工作落地的重要依据和抓手。本书对"一站一库"建设的内涵及用途、组织机构、职责分工、流程规范、检查与考核等内容进行了规定。

2. 明确变电设备"一站一库"实施职责分工

设备主人团队负责贯彻执行和落实"一站一库"建设相关制度、标准、规范及要求，负责做好"一站一库"相关内容的具体填报、校核和管控，设备主人团队负责按照运检部工作安排及职责分工，做好"一站一库"相关内容的停电或不停电整改，暂未落实整改的要明确整改措施及计划完成时间；设备主人团队负责"一站一库"所有内容的验收、闭环和管控，验收未通过的问题不予闭环，根据"一站一库"相关内容，并结合本单位实际，编制设备停电检修需求、技改大修立项需求等，并上报运检部审核；设备主人团队负责智能运检管控平台"一站一库"功能的需求梳理、问题反馈和业务应用，做好相关数据的梳理、总结和分析。

3. 变电设备"一站一库"实施流程规范

（1）"一站一库"问题填报。变电运维、检修人员负责根据有关标准、规程、设备技术条件等要求，认真开展运维巡视、定期切换、倒闸操作、带电检测、检修试验、状态评价、各类隐患排查和专项检查工作，及时发现变电站内电气设备、土建设施、辅助设施等需要停电或不停电处理的问题，并及时在智能运检管控平台更新填报。

1）填报内容包括单位、运维班组、变电站、变电站电压等级、所属间隔、设备名称、设备类型、内容、发现时间、类别、依据或来源、备注和附件等信息。

2）变电设备缺陷无须重复填报，智能运检管控平台将自动抽取 PMS 系统缺陷相关流程及信息，补充进入"一站一库"内容。

（2）"一站一库"问题校核。变电运维室或检修室技术组负责对运维或检修人员填报的"一站一库"内容进行校核，重点审查填报数据的完整性、准确性和规范性，并根据实际情况初步填写整改责任单位，发送运检部审核。

（3）"一站一库"问题审核。

1）运检部负责审核"一站一库"相关内容，重点审查反措、隐患、专业要求等内容的全面性、完整性，审核并明确整改责任单位，并根据问题严重程度和实际情况，可直接明确整改措施、整改时间（期限）。

2）整改责任单位为调控、基建、安监、信通等外部门或外单位的，统一填写为运检部，由运检部负责协调整改，负责跟踪管控落实，变电运维室负责现场核实反馈。

（4）"一站一库"问题整改。

1）变电运维、检修单位负责积极落实责任问题的整改，需停电处理的列入（年、月、周）停电检修计划，加强问题管控并结合现场检修落实，不需要停电处理的原则上一年内整改完毕，确因维修资金、备品备件、整改难度大等问题短期无法整改的，或者问题整改不彻底的，要做好备注说明并加强跟踪管控，需要协调解决的事宜上报运检部相关专业予以落实。

2）尚未落实整改的问题填写计划整改措施和整改时间，已落实整改的问题填写实际整改措施和整改完成时间。

（5）"一站一库"问题验收、闭环。

1）"一站一库"相关内容经责任单位整改完成后，由变电运维人员负责验收，检查确认所列问题是否已整改完毕并填写验收结论。

2）验收合格则该条问题闭环，验收不合格填写不合格原因，并退回相应整改责任单位重新整改。

（6）"一站一库"问题管控。

1）变电运维、检修单位应对各自填报的问题进行跟踪管控，对责任问题的整改情况进行监督检查。

2）运检部应对"一站一库"内容填报、校核、审核、整改、验收、闭环等各环节情况进行全过程监督管控，督促和提醒相关单位予以整改落实，并做好大数据分析、应用工作。

4. 变电设备"一站一库"实施检查与考核

（1）省公司运检部将采用以下方式检查和评估各单位"一站一库"建设情况：

1）通过平台数据抽查、变电交叉督查、综合检修飞行检查等手段，检查各单位变电站"一站一库"内容完整性、数据准确性、填报规范性、整改及时性、管控有效性。

2）通过年（月）度检修计划平衡、综合检修方案评审等手段，监督和检查各单位变电站"一站一库"相关内容的整改落实、闭环管控情况。

3）通过变电设备异常、缺陷或事故情况，检查和追溯各单位"一站一库"建设工作是否到位。

（2）省公司运检部将根据检查结果对各单位变电站"一站一库"建设情况进行通报或考核，并在月度同业对标和年度绩效指标中予以体现：

1）对于检查过程中发现的"一站一库"内容不完整、数据不准确、填报不规范等问题进行考核。

2）对于检查过程中发现的"一站一库"内容整改及时性、管控有效性等问题进行通报。

3）对于变电设备异常、缺陷或事故暴露出的问题，检查和追溯"一站一库"前期建设情况，未列入"一站一库"内容进行跟踪管控的、未落实整改责任单位并明确整改计划的，将逐次从严从重考核，建立以结果为导向的追责与考核机制。

4.2.3　监控异常信号及设备状态评价业务实施

1. 设备监控生产类业务

（1）设备运行监视。负责监控职责范围内设备运行状态（包括事故、异常、变位、越限）信息、设备负载越限、无功电压、消防安防等信息监视以及在线监测等辅助设备的信息监视工作。

（2）开关常态化远方操作。负责计划性线路停复役时根据调度指令执行开关远方操作、负荷倒供解合环操作；根据调度指令遥控拉合容抗器开关、调节主变压器挡位，进行手动无功调节。负责事故及异常处置情况下的紧急拉合开关，根据调度指令对故障停运线路的远方试送；查找小电流接地故障时，按照调度指令进行线路试拉操作。负责按照调度指令进行远方程序化操作（新建变电站启动投产时）以及二次设备（重合闸投退）操作。

（3）设备事故、异常处置。负责监控范围内设备发生事故、异常、越限、变位等信息告警时，立即进行分析处置，通知运维单位进行检查、核实；并汇报相应调度。

（4）设备信息联调验收。负责监控范围内新、改、扩建后集中监控系统"四遥"功能、监控信息接入、画面等功能验收。

（5）设备监控缺陷管理。负责对监控范围内 OP 互联集中监控缺陷情况进行跟踪、统计、分析及监督闭环，对消缺完成、遗留情况每月统计，定期将缺陷消缺情况进行通报，定期组织缺陷分析，隐患挖掘；每月统计信息类缺陷，提交自动化专业进行督促消缺陷处理，对信息类缺陷进行跟踪、统计、分析及监督闭环。

2. 设备监控管理类业务

负责相关专业要求落实执行，配合调控中心相应专职按照省调监控专业管理要求开展相关管理业务。因县配调未配置设备监控专职和监控信息专职，相关设备专业管理工作，由调控班负责。

（1）集中监控许可。负责新、改、扩建变电站在纳入调度集中监控业务前开展变电站集中监控许可工作，按省、地调要求执行申请、审核、试运行、验收、评估、移交的管理流程。

（2）监控运行分析评价。按照省、地调监控专业要求，按日、周、月和年度开展监控运行分析工作，定期对监控范围变电站监控运行情况进行总结和分析评价，并按规定将报表和总结上报调控中心相关专职；每月参加调控中心组织的监控运行分析例会。

（3）监控信息表审核。负责参与新、改、扩建变电站主站侧监控信息表审核，将意见或建议提交调控中心自动化监控信息专职。

1）有利于依托监控实时业务，快速掌控生产运行实时信息，在内部完成实时信息（如监控异常信号）和非实时信息（如设备缺陷、隐患）高度融合，进一步提高设备状态的监视、应急处置安排的集约度与扁平度。

2）将生产指挥和监控运行业务融合，有利于充分挖掘人力资源潜力，实现人员的精简，优化当前运维人员、监控中心和之间的业务关联，改变"监视、操作"与"研判分析、信息发布、指挥处置"职责分离情况，从"故障异常发现"起始，建立"研判分析、处置、恢复送电管控、评价分析"统一的全过程管理流程。

3）采用生产指挥和监控运行业务融合模式，有利于实现作为各单位生产系统"作战司令部"功能定位，有利于提升主网生产精益化管控和变电运维精益化管理，同时可将全省500kV 及以上变电站信息统一监控，跨地区设备信息统一汇总，更加有利于综合分析，确保主网架运行的安全、可靠。

3. 设备状态评价

（1）设备巡检。设备运行过程中，应该按规定的巡视检查内容和巡检周期对各类设备进行巡检，巡检内容还应包括设备技术文件（说明书、规范）特别要求的其他巡检要求。巡检情况（结果）应进行纸质或电子文档记录。

在雷雨季节前，大风、降雨（雪、冰雹）、沙尘暴之后，加强对变电站内相关设备的巡视工作；新投运的设备、对核心部件或主体进行解体性检修后重新投运的设备，应加强巡视跟踪；日最高气温 35℃以上或大负荷期间，应开展特巡工作，加强设备红外测温。

（2）设备试验。试验分为两类，即例行试验和诊断性试验。通常按周期进行的即为例行试验，诊断性试验只在诊断设备状态时根据情况有选择地进行。对于设备技术文件、规范等文件要求但本书未涉及的检查和试验项目，按设备技术文件或规范的要求进行。

（3）设备状态量的评价和处置原则。设备状态的评价主要基于巡检及例行试验、诊断性试验、在线监测、带电检测等状态信息，结合与同类设备的比较，包括其现象强度、量值大小以及发展趋势，做出综合判断。对于有注意值要求的状态量，若当前检测值超过注意值或存在接近注意值的趋势，对于正在运行的设备，应加强跟踪监测或带电检测；对于停役设备，如果存在严重缺陷的可能，在排除问题前禁止投入运行。有警示值要求的状态量，若当前试验值超过警示值或接近警示值的趋势明显，对于运行设备应尽快安排停电试验；对于停电设备，隐患或缺陷未消除之前，无特殊情况都不能投入运行。

在类似的运行和检测条件下，同一家族设备的同一状态量不应有明显差异，不然应进行显著性差异分析。本方法可作为辅助分析手段。如 a、b、c 三相（设备）的上次试验值和当前试验值分别为 a_1、b_1、c_1、a_2、b_2、c_2，在分析设备 a 当前试验值 a_2 是否正常时，根据 $a_2/(b_2+c_2)$ 与 $a_2/(b_1+c_1)$ 相比有无明显差异进行判断，一般不超过±30%可判为正常。

对于停电例行试验，其周期可以综合考虑设备状态、地域环境、电网结构等特点，在基准周期的基础上酌情延长或缩短，调整后的周期一般不小于 1 年，也不大于基准周期的 1.5 倍。符合以下各项条件的设备，停电例行试验可以在基准周期的基础上延迟 1 个年度：

1）巡检中未见可能危及该设备安全运行的任何异常；

2）带电检测（如有）显示设备状态良好；

3）上次例行试验与其前次例行（或交接）试验结果相比无明显差异；

4）没有任何可能危及设备安全运行的家族缺陷；

5）上次例行试验以来，没有经受严重的不良工况；

6）有下列情形之一的设备，需提前，或尽快安排例行或/和诊断性试验；

7）巡检中发现有异常，此异常可能是重大质量隐患所致；

8）带电检测（如有）显示设备状态不良；

9）以往的例行试验有朝着注意值或警示值方向发展的明显趋势；或者接近注意值或警示值；

10）存在重大家族缺陷；

11）经受了较为严重不良工况，不进行试验无法确定其是否对设备状态有实质性损害。如初步判定设备继续运行有风险，则不论是否到期，都应列入最近的年度试验计划，情况严重时，应尽快退出运行，进行试验。

存在下列情形之一的设备，需要对设备核心部件或主体进行解体性检修，不适合解体性检修的应当更换：

1）例行或诊断性试验表明，存在重大缺陷的设备；

2）受重大家族缺陷警示，为消除隐患，需对核心部件或主体进行解体性检修的设备；

3）依据设备技术文件之推荐或运行经验，需对核心部件或主体进行解体性检修的设备。

（4）各类设备评价说明。

1）油浸式电力变压器和电抗器。

① 巡检说明。

a. 外观无异常，油位正常，无油渗漏；

b. 记录油温、绕组温度，环境温度、负荷和冷却器开启组数；

c. 呼吸器呼吸正常；当 2/3 干燥剂受潮时应予以更换；若干燥剂受潮速度异常，应检查密封，并取油样分析油中水分（仅对开放式）；

d. 冷却系统的风扇运行正常，出风口和散热器无异物附着或严重积污；潜油泵无异常声响、振动，油流指示器指示正确；

e. 变压器声响和振动无异常，必要时测量变压器声级；如振动异常，可定量测量。

② 红外热像检测。检测变压器箱体、储油柜、套管、引线接头及电缆等，红外热像图显示应无异常温升、温差和/或相对温差。检测和分析方法参考 DL/T 664—2016《带电设备红外诊断应用规范》中的规定。

③ 油中溶解气体分析：

a. 除例行试验外，新投运、对核心部件或主体进行解体性检修后重新投运的变压器，在投运后的第 1、4、10、30d 各进行一次本项试验；

b. 若有增长趋势，即使小于注意值，也应缩短试验周期；

c. 烃类气体含量较高时，应计算总烃的产气速率；

d. 当怀疑有内部缺陷（如听到异常声响）、气体继电器有信号、经历了过负荷运行以及发生了出口或近区短路故障，应进行额外的取样分析。

④ 绕组电阻：

a. 有中性点引出线时，应测量各相绕组的电阻；

b. 若无中性点引出线，可测量各线端的电阻，然后换算到相绕组；

c. 测量时铁芯的磁化极性应保持一致。要求在扣除原始差异之后，同一温度下各相绕组电阻的相互差异应在 2% 之内；

d. 同一温度下，各相电阻的初值差不超过 ±2%；

e. 无励磁调压变压器改变分接位置后、有载调压变压器分接开关检修后及更换套管后，也应测量一次；

f. 电抗器参照执行。

⑤ 铁芯绝缘电阻。采用 2500V（老旧变压器 1000V）绝缘电阻表测量变压器铁芯绝缘电阻。不仅要注意铁芯绝缘电阻的大小，还要根据历次测量结果注意绝缘电阻的变化趋势。如果是通过夹件引出接地的，还应分别测量铁芯对夹件及夹件对地绝缘电阻。对于油中溶解气体分析异常的情况，也应开展变压器铁芯绝缘电阻检测。

⑥ 绕组绝缘电阻：

a. 测量时，铁芯、外壳及非测量绕组应接地，测量绕组应短路，套管表面应清洁、干燥；

b. 采用 5000V 绝缘电阻表测量。测量宜在顶层油温低于 50℃时进行，并记录顶层油温；

c. 绝缘电阻受温度的影响可按要求进行近似修正；

d. 绝缘电阻下降显著时，应结合介质损耗因数及油质试验进行综合判断；

e. 除例行试验之外，当绝缘油例行试验中水分偏高，或者怀疑箱体密封被破坏，也应进行本项试验。

⑦ 绕组绝缘介质损耗因数：

a. 测量宜在顶层油温低于 50℃且高于零度时进行，测量时记录顶层油温和空气相对湿度；

b. 非测量绕组及外壳接地，必要时分别测量被测绕组对地、被测绕组对其他绕组的绝缘介质损耗因数；

c. 测量绕组绝缘介质损耗因数时，应同时测量电容值，若此电容值发生明显变化，应予以注意；

d. 分析时应注意温度对介质损耗因数的影响。

⑧ 有载分接开关检查。不同厂家或型号、批次的设备检查步骤或者项目会有所差异，必要时参考设备技术文件或说明书。每年检查一次的项目包括以下几个方面：

a. 储油柜、呼吸器和油位指示器，应按其技术文件要求检查；

b. 在线滤油器，应按其技术文件要求检查滤芯；

c. 打开电动机构箱，检查是否有任何松动、生锈；检查加热器是否正常；

d. 记录动作次数；

e. 如有可能，通过操作 1 步再返回的方法，检查电机和计数器的功能；每 3 年检查一次的项目；

f. 在手摇操作正常的情况下，就地电动和远方各进行一个循环的操作，无异常；

g. 检查紧急停止功能以及限位装置；

h. 在绕组电阻测试之前检查动作特性，测量切换时间；有条件时测量过渡电阻，电阻值的初值差不超过±10%；

i. 油质试验：要求油耐受电压≥30kV；如果装备有在线滤油器，要求油耐受电压≥40kV。不满足要求时，需要对油进行过滤处理，或者换新油。

⑨ 测温装置检查：

a. 每 3 年检查一次，要求外观良好，运行中温度数据合理，相互比对无异常；

b. 每 6 年校验一次，可与标准温度计比对，或按制造商推荐方法进行，结果应符合设备技术文件要求。同时采用 1000V 绝缘电阻表测量二次回路的绝缘电阻，一般不低于 1MΩ。

⑩　气体继电器检查：

a. 每 3 年检查一次气体继电器整定值，应符合运行规程和设备技术文件要求，动作正确；

b. 每 6 年测量一次气体继电器二次回路的绝缘电阻，不应低于 1MΩ，采用 1000V 绝缘电阻表测量。

⑪　冷却装置检查。运行中的冷却装置的油流流向、温升和声响正常，无渗漏。强油水冷装置的检查和试验，按设备技术文件和说明书等相关要求进行。

⑫　压力释放装置检查。

a. 按设备技术文件和说明书要求进行检查，应符合要求，并通过验收标准；

b. 一般要求开启压力与出厂值的标准偏差在 ±10% 之内或符合设备技术文件要求。

⑬　油浸式电力变压器和电抗器诊断性试验。

a. 空载电流和空载损耗测量。

a）诊断铁芯结构缺陷、匝间绝缘损坏等可进行本项目，试验电压尽可能接近额定值；

b）试验电压值和接线应与上次试验保持一致。测量结果与上次相比，不应有明显差异；

c）对单相变压器相间或三相变压器两个边相，空载电流差异不应超过 10%。分析时一并注意空载损耗的变化。

b. 短路阻抗测量。

a）诊断绕组是否发生变形时进行本项目；

b）应在最大分接位置和相同电流下测量；

c）试验电流可用额定电流，亦可低于额定值，但不应小于 5A。

c. 感应耐压和局部放电测量。

a）验证绝缘强度，或诊断是否存在局部放电缺陷时进行本项目；

b）感应电压的频率应在 100～400Hz，电压为出厂试验值的 80%，时间应在 15～60s；

c）在进行感应耐压试验之前，应先进行低电压下的相关试验以评估感应耐压试验的风险。

d. 绕组频率响应分析。

a）诊断是否发生绕组变形时进行本项目；

b）当绕组扫频响应曲线与原始记录基本一致时，即绕组频响曲线的各个波峰、波谷点所对应的幅值及频率基本一致时，可以判定被测绕组没有变形。

e. 绕组各分接位置电压比：对变压器核心部件或主体进行解体性检修之后，或怀疑变压器绕组存在缺陷时，应开展本项目。试验结果应符合铭牌标识的数值。

f. 直流偏磁水平检测：当变压器声响、振动异常时，进行本项目。

g. 电抗器电抗值测量：初步判断变压器线圈或铁芯（如有）存在缺陷时开展本项目，参考 GB 10229 进行测量。

h. 纸绝缘聚合度测量：诊断绝缘老化程度时，进行本项目。测量方法参考 DL/T 984—2018《油浸式变压器绝缘老化判断导则》中的规定。

i. 整体密封性能检查：

a）对核心部件或主体进行解体性检修之后，或重新进行密封处理之后，进行本项目；

b）采用储油柜油面加压法，在 0.03MPa 压力下持续 24h，应无油渗漏；

c）检查前应采取措施防止压力释放装置动作。

j. 铁芯接地电流测量：在运行条件下，测量铁芯流经接地线的电流，超过 100mA 时应予以注意，并进行跟踪。

k. 声级及振动测定：

a）当噪声异常时，可定量测量变压器声级，测量参考 GB/T 1094.10—2016《电力变压器 第 10 部分：声级测量》中的规定；

b）如果振动异常，可定量测量振动水平，振动波主波峰的高度应不超过规定值，且与同型设备无明显差异。

l. 绕组直流泄漏电流测量。

a）怀疑绝缘存在受潮等缺陷时进行本项目；

b）测量绕组短路加压，其他绕组短路接地；

c）施加直流电压值为 40kV（330kV 及以下绕组）、60kV（500kV 及以上绕组），加压 60s 时的泄漏电流与初值比应没有明显增加，与同型设备比没有明显差异。

m. 外施耐压试验。仅对中性点和低压绕组进行，耐受电压为出厂试验值的 80%，时间为 60s。

2）干式电抗器。

① 巡检项目：外观、声响及振动；

② 例行试验：红外热像检测、绕组电阻、绕组绝缘电阻；

③ 诊断性试验：电抗器电抗值测量、声级及振动、空载电流和空载损耗测量。

3）电流互感器。

① 巡检说明。

a. 高压引线、接地线等连接正常；

b. 本体无异常声响或放电声；瓷套无裂纹；

c. 复合绝缘外套无电蚀痕迹或破损；无影响设备运行的异物；

d. 充油的电流互感器，无油渗漏，油位正常，膨胀器无异常升高；

e. 充气的电流互感器，气体密度值正常，气体密度表（继电器）无异常；

f. 二次电流无异常。

② 红外热像检测。检测高压引线连接处、电流互感器本体等，红外热像图显示应无异常温升、温差和/或相对温差。检测和分析方法参考 DL/T 664—2016《带电设备红外诊断应用规范》中规定。

③ 油中溶解气体分析。取样时，需注意设备技术文件的特别提示（如有），并检查油位应符合设备技术文件之要求。制造商明确禁止取油样时，宜作为诊断性试验。

④ 绝缘电阻。

a. 采用 2500V 绝缘电阻表测量；当有两个一次绕组时，还应测量一次绕组间的绝缘电阻；

b. 一次绕组的绝缘电阻应大于 3000MΩ，或与上次测量值相比无显著变化；

c. 有末屏端子的，测量末屏对地绝缘电阻；

d. 测量结果应符合要求。

⑤ 电容量和介质损耗因数。

a. 测量前应确认外绝缘表面清洁、干燥。

b. 如果测量值异常（测量值偏大或增量偏大），可测量介质损耗因数与测量电压之间的关系曲线，测量电压从 10kV 到 $U_m/3$，介质损耗因数的增量应不大于 ±0.003，且介质损耗因数不超过 0.007（$U_m \geqslant 550kV$）、0.008（U_m 为 363kV/252kV）、0.01（U_m 为 126kV/72.5kV）。

c. 当末屏绝缘电阻不能满足要求时，可通过测量末屏介质损耗因数做进一步判断，测量电压为 2kV，通常要求小于 0.015。

⑥ 交流耐压试验。

a. 需要确认设备绝缘介质强度时进行本项目；

b. 一次绕组的试验电压为出厂试验值的 80%、二次绕组之间及末屏对地的试验电压为 2kV，时间为 60s；

c. 如 SF_6 电流互感器压力下降到 0.2MPa 以下，补气后应做老练和交流耐压试验；

d. 试验方法参考 GB 1208—2006《电流互感器》中的规定。

⑦ 局部放电测量。检验是否存在严重局部放电时进行本项目，测量方法参考 GB 1208—2006《电流互感器》中的规定。

⑧ 电流比校核。

a. 对核心部件或主体进行解体性检修之后，或需要确认电流比时，进行本项目。

b. 在 5%～100%额定电流范围内，从一次侧注入任一电流值，测量二次侧电流，校核电流比。

⑨ 绕组电阻测量。

a. 红外检测温升异常，或怀疑一次绕组存在接触不良时，应测量一次绕组电阻。

b. 要求测量结果与初值比没有明显增加，并符合设备技术文件要求。

c. 二次电流异常，或有二次绕组方面的家族缺陷时，应测量二次绕组电阻，分析时应考虑温度的影响。

⑩ 气体密封性检测。当气体密度表显示密度下降或定性检测发现气体泄漏时，进行本项试验。方法可参考 GB/T 11023—2018《高压开关设备六氟化硫气体密封试验方法》中的规定。

⑪ 气体密度表（继电器）校验。数据显示异常或达到制造商推荐的校验周期时，进行本项目。校验按设备技术文件要求进行。

4）电磁式电压互感器。

① 巡检说明。

a. 高压引线、接地线等连接正常；无异常声响或放电声；

b. 瓷套无裂纹；

c. 复合绝缘外套无电蚀痕迹或破损；

d. 无影响设备运行的异物；

e. 油位正常（油纸绝缘），或气体密度值正常（SF_6 绝缘）；

f. 二次电压无异常，必要时带电测量二次电压。

② 红外热像检测。红外热像检测高压引线连接处、本体等，红外热像图显示应无异常温升、温差和/或相对温差。测量和分析方法参考 DL/T 664—2016《带电设备红外诊断应用规范》中的规定。

③ 绕组绝缘电阻。

a. 一次绕组用 2500V 绝缘电阻表，二次绕组采用 1000V 绝缘电阻表；

b. 测量时非被测绕组应接地；

c. 同等或相近测量条件下，绝缘电阻应无显著降低。

④ 绕组绝缘介质损耗因数。测量一次绕组的介质损耗因数，一并测量电容量，作为综合分析的参考。测量方法参考 DL/T 474.3—2006《现场绝缘试验实施导则 介质损耗因数 $\tan\delta$ 试验》中规定。

⑤ 油中溶解气体分析。取样时，需注意设备技术文件的特别提示（如有），并检查油位应符合设备技术文件之要求。制造商明确禁止取油样时，宜作为诊断性试验。

⑥ 交流耐压试验。

a. 需要确认设备绝缘介质强度时进行本项目；

b. 试验电压为出厂试验值的 80%，时间为 60s；

c. 一次绕组采用感应耐压，二次绕组采用外施耐压；

d. 对于感应耐压试验，当频率在 100～400Hz 时，持续时间不少于 15s；

e. 进行感应耐压试验时应考虑容升现象。

⑦ 局部放电测量。检验是否存在严重局部放电时进行本项目。在电压幅值为 $1.2U_m/3$ 下测量，测量结果符合技术要求。测量方法参考 GB 1207—2006《电磁式电压互感器》中规定。

⑧ 电压比校核。

a. 对核心部件或主体进行解体性检修之后，或需要确认电压比时，进行本项目；

b. 在 80%～100% 的额定电压范围内，在一次侧施加任一电压值，测量二次侧电压，验证电压比；

c. 简单检查可取更低电压。

⑨ 励磁特性测量。

a. 对核心部件或主体进行解体性检修之后，或计量要求时，进行本项目；

b. 试验时，电压施加在二次端子上，电压波形为标准正弦波；

c. 测量点至少包括额定电压的 0.2、0.5、0.8、1.0、1.2 倍，测量出对应的励磁电流，与出厂值相比应无显著改变；

d. 与同一批次、同一型号的其他电磁式电压互感器相比，彼此差异不应大于 30%。

5）电容式电压互感器。

① 巡检说明。

a. 高压引线、接地线等连接正常；

b. 无异常声响或放电声；

c. 瓷套无裂纹；

d. 无影响设备运行的异物；

e. 油位正常;

f. 二次电压无异常,必要时带电测量二次电压。

② 红外热像检测。红外热像检测高压引线连接处、本体等,红外热像图显示应无异常温升、温差和/或相对温差。检测和分析方法参考 DL/T 664—2016《带电设备红外诊断应用规范》中规定。

③ 分压电容器试验。

a. 在测量电容量时宜同时测量介质损耗因数,多节串联的,应分节独立测量;

b. 试验时应按设备技术文件要求并参考 DL/T 474 进行;

c. 除例行试验外,当二次电压异常时,也应进行本项目。

④ 二次绕组绝缘电阻。二次绕组绝缘电阻可用 1000V 绝缘电阻表测量。

⑤ 局部放电测量。

a. 诊断是否存在严重局部放电缺陷时进行本项目;

b. 试验在完整的电容式电压互感器上进行;

c. 在电压值为 $1.2U_m/3$ 下测量,测量结果符合技术要求;

d. 试验电压不能满足要求时,可将分压电容按单节进行。

⑥ 电磁单元感应耐压试验。

a. 试验前把电磁单元与电容分压器分开,若产品结构原因在现场无法拆开的可不进行耐压试验;

b. 试验电压为出厂试验值的 80%,或按设备技术文件要求进行,时间为 60s;

c. 进行感应耐压试验时,耐压时间应在 15~60s 进行折算;

d. 试验方法参考 GB/T 4703—2007《电容式电压互感器》中规定进行。

⑦ 电磁单元绝缘油击穿电压和水分测量。当二次绕组绝缘电阻不能满足要求,或存在密封缺陷时,进行本项目。

6)高压套管。所述套管包括各类设备套管和穿墙套管,"充油"包括纯油绝缘套管、油浸纸绝缘套管和油气混合绝缘套管;"充气"包括 SF_6 绝缘套管和油气混合绝缘套管;"电容型"包括所有采用电容屏均压的套管等。

① 巡检说明。

a. 高压引线、末屏接地线等连接正常;

b. 无异常声响或放电声;

c. 瓷套无裂纹;

d. 复合绝缘外套无电蚀痕迹或破损;

e. 无影响设备运行的异物;

f. 充油套管油位正常、无油渗漏;充气套管气体密度值正常。

② 红外热像检测。检测套管本体、引线接头等,红外热像图显示应无异常温升、温差和/或相对温差。检测和分析方法参考 DL/T 664—2016 年《带电设备红外诊断应用规范》进行。

③ 绝缘电阻。绝缘电阻包括套管主绝缘和末屏对地绝缘的绝缘电阻。采用 2500V 绝缘电阻表测量。

④ 电容量和介质损耗因数测量。

a. 对于变压器套管，被测套管所属绕组短路加压，其他绕组短路接地；

b. 如果试验电压加在套管末屏的试验端子，则必须严格控制在设备技术文件许可值以下（通常为 2000V），否则可能导致套管损坏；

c. 测量前应确认外绝缘表面清洁、干燥；

d. 如果测量值异常（测量值偏大或增量偏大），可测量介质损耗因数与测量电压之间的关系曲线，测量电压从 10kV 到 $U_m/3$，介质损耗因数的增量不应大于 ±0.003，且介质损耗因数不超过 0.007（$U_m \geqslant 550kV$）、0.008（U_m 为 363kV/252kV）、0.01（U_m 为 126kV/72.5kV）；

e. 分析时应考虑测量温度影响；

f. 不便断开高压引线且测量仪器负载能力不足时，试验电压可加在套管末屏的试验端子，套管高压引线接地，把高压接地电流接入测量系统；

g. 此时试验电压必须严格控制在设备技术文件许可值以下（通常为 2000V）；

h. 要求与上次同一方法的测量结果相比无明显变化；

i. 出现异常时，需采用常规测量方法验证。

⑤ 油中溶解气体分析。

a. 在怀疑绝缘受潮、劣化，或者怀疑内部可能存在过热、局部放电等缺陷时进行本项目；

b. 取样时，务必注意设备技术文件的特别提示（如有），并检查油位应符合设备技术文件之要求。

⑥ 末屏介质损耗因数。

a. 套管末屏绝缘电阻不能满足要求时，可通过测量末屏介质损耗因数做进一步判断；

b. 试验电压应控制在设备技术文件许可值以下（通常为 2000V）。

⑦ 交流耐压和局部放电测量。

a. 要验证绝缘强度，或诊断是否存在局部放电缺陷时进行本项目；

b. 如有条件，应同时测量局部放电；

c. 交流耐压为出厂试验值的 80%，时间为 60s；

d. 对于变压器（电抗器）套管，应拆下并安装在专门的油箱中单独进行；

e. 试验方法参考 GB/T 4109—2008《交流电压高于 1000V 的绝缘套管》进行。

7）SF_6 断路器。

① 巡检说明。

a. 外观无异常；

b. 无异常声响；

c. 高压引线、接地线连接正常；

d. 瓷件无破损、无异物附着；

e. 并联电容器无渗漏；

f. 气体密度值正常；

g. 加热器功能正常（每半年）；

h. 操动机构状态正常（液压机构油压正常）；

i. 气动机构气压正常（弹簧机构弹簧位置正确）；

j. 记录开断短路电流值及发生日期，记录开关设备的操作次数。

② 红外热像检测。

a. 检测断口及断口并联元件、引线接头、绝缘子等，红外热像图显示应无异常温升、温差和/或相对温差；

b. 判断时，应该考虑测量时及前 3h 负荷电流的变化情况；

c. 测量和分析方法可参考 DL/T 664—2016《带电设备红外诊断应用规范》进行。

③ 主回路电阻测量。

a. 在合闸状态下，测量进、出线之间的主回路电阻；

b. 测量电流可取 100A 到额定电流之间的任一值，测量方法和要求参考 DL/T 593—2016《高压开关设备和控制设备标准的共用技术要求》进行；

c. 当红外热像显示断口温度异常、相间温差异常，或自上次试验之后又有 100 次以上分、合闸操作，也应进行本项目。

④ 断口间并联电容器电容量和介质损耗因数。

a. 在分闸状态下测量；

b. 对于瓷柱式断路器，与断口一起测量；

c. 对于罐式断路器（包括 GIS 中的断路器），按设备技术文件规定进行；

d. 测试结果不符合要求时，可对电容器独立进行测量。

⑤ 合闸电阻阻值及合闸电阻预接入时间。

a. 同等测量条件下，合闸电阻的初值差应满足要求；

b. 合闸电阻的预接入时间按设备技术文件规定校核；

c. 对于不解体无法测量的情况，只在解体性检修时进行。

⑥ 例行检查和测试。

a. 轴、销、锁扣和机械传动部件检查，如有变形或损坏应予以更换。

b. 瓷绝缘件清洁和裂纹检查。

c. 操动机构外观检查，如按力矩要求抽查螺栓、螺母是否有松动，检查是否有渗漏等。

d. 检查操动机构内、外积污情况，必要时需进行清洁。

e. 检查是否存在锈迹，如有需要进行防腐处理。

f. 按设备技术文件要求对操动机构机械轴承等活动部件进行润滑。

g. 分、合闸线圈电阻检测，检测结果应符合设备技术文件要求；没有明确要求时，以线圈电阻初值差不超过±5%作为判据。

h. 储能电动机工作电流及储能时间检测，检测结果应符合设备技术文件要求；储能电动机应能在 85%～110%的额定电压下可靠工作。

i. 检查辅助回路和控制回路电缆、接地线是否完好。

j. 用 1000V 绝缘电阻表测量电缆的绝缘电阻，应无显著下降。

k. 缓冲器检查，按设备技术文件要求进行。

l. 防跳跃装置检查，按设备技术文件要求进行。

m. 联锁和闭锁装置检查，按设备技术文件要求进行。

n. 并联合闸脱扣器在合闸装置额定电源电压的 85%～110%范围内，应可靠动作。

o. 并联分闸脱扣器在分闸装置额定电源电压的 65%～110%（直流）或 85%～110%（交流）范围内，应可靠动作；当电源电压低于额定电压的 30%时，脱扣器不应脱扣。

p. 在额定操作电压下测试时间特性，要求合、分指示正确。辅助开关动作正确。合、分闸时间，合、分闸不同期，合—分时间满足技术文件要求且没有明显变化。必要时，测量行程特性曲线做进一步分析。除有特别要求的除外，相间合闸不同期不大于 5ms，相间分闸不同期不大于 3ms。同相各断口合闸不同期不大于 3ms，同相分闸不同期不大于 2ms。对于液（气）压操动机构，还应进行下列各项检查或试验，结果均应符合设备技术文件要求。

q. 机构压力表、机构操作压力（气压、液压）整定值和机械安全阀校验。

r. 分、合闸及重合闸操作时的压力（气压、液压）下降值。

s. 在分闸和合闸位置分别进行液（气）压操动机构的泄漏试验。

t. 液压机构及气动机构，进行防失压慢分试验和非全相合闸试验。

⑦ 交流耐压试验。对 SF_6 断路器核心部件或主体进行解体性检修之后，或特殊情况下，进行本项试验。主要分为相对地（合闸状态）和断口间（罐式、瓷柱式定开距断路器，分闸状态）两种方式。交流耐压试验在额定充气压力、80%出厂试验电压下进行，频率不超过 300Hz，选取 60s 耐压时间，试验方法参考 DL/T 593—2016《高压开关设备和控制设备标准的共用技术要求》进行。

8）气体绝缘金属封闭开关设备（GIS）。

① 巡检说明。

a. 外观无异常；

b. 声音无异常；

c. 高压引线、接地线连接正常；

d. 瓷件无破损、无异物附着；

e. 气体密度值正常；

f. 操动机构状态正常（液压机构油压正常、气动机构气压正常、弹簧机构弹簧位置正确）；

g. 记录开断短路电流值及发生日期；

h. 记录开关设备的操作次数。

② 红外热像检测。

a. 检测各单元及进、出线电气连接处，红外热像图显示应无异常温升、温差和/或相对温差；

b. 分析时，应该考虑测量时及前 3h 负荷电流的变化情况；

c. 测量和分析方法可参考 DL/T 664—2016《带电设备红外诊断应用规范》进行。

③ 主回路电阻测量。

a. 在合闸状态下测量；

b. 当接地开关导电杆与外壳绝缘时，可临时解开接地连接线，利用回路上两组接地开关的导电杆直接测量主回路电阻；若接地开关导电杆与外壳的电气连接不能分开，可先测量导体和外壳的并联电阻 R_0 和外壳电阻 R_1，然后按式（4）进行计算主回路电阻 R；

c. 若 GIS 母线较长、间隔较多，宜分段测量；

d. 测量电流可取 100A 到额定电流之间的任一值，测量方法可参考 DL/T 593—2016《高压开关设备和控制设备标准的共用技术要求》进行；

e. 自上次试验之后又有 100 次以上分、合闸操作，也应进行本项目。

④ 元件试验。各元件试验项目和周期按设备技术文件规定或根据状态评价结果确定。试验项目的要求参考设备技术文件或本规程有关章节。

⑤ 主回路绝缘电阻。交流耐压试验前进行本项目。用 2500V 绝缘电阻表测量。

⑥ 主回路交流耐压试验。

a. 对核心部件或主体进行解体性检修之后，或检验主回路绝缘时，进行本项试验；

b. 试验电压为出厂试验值的 80%，时间为 60s；

c. 有条件时，可同时测量局部放电量；

d. 试验时，电磁式电压互感器和金属氧化物避雷器应与主回路断开，耐压结束后，恢复连接，并应进行电压为 U_m、时间为 5min 的试验。

9）真空断路器。

① 巡检说明。

a. 外观无异常；高压引线、接地线连接正常；瓷件无破损、无异物附着；

b. 操动机构状态检查正常（液压机构油压正常；气压机构气压正常；弹簧机构弹簧位置正确）；

c. 记录开断短路电流值及发生日期；记录开关设备的操作次数。

② 例行检查和测试。检查动触头上的软连接夹片，应无松动；其他项目参见 5.7.1.6 条。

③ 真空断路器的诊断性试验。灭弧室真空度的测量，按设备技术文件要求，或受家族缺陷警示，进行真空灭弧室真空度的测量，测量结果应符合设备技术文件要求。

④ 交流耐压试验。

a. 对核心部件或主体进行解体性检修之后，或必要时，进行本项试验；

b. 包括相对地（合闸状态）、断口间（分闸状态）和相邻相间三种方式；

c. 试验电压为出厂试验值的 80%，频率不超过 400Hz，耐压时间为 60s。试验方法参考 DL/T 593—2016《高压开关设备和控制设备标准的共用技术要求》进行。

10）隔离开关和接地开关。

① 巡检说明

a. 检查是否有影响设备安全运行的异物；

b. 检查支柱绝缘子是否有破损、裂纹；

c. 检查传动部件、触头、高压引线、接地线等外观是否有异常；

d. 检查分、合闸位置及指示是否正确。

② 红外热像检测。

a. 用红外热像仪检测隔离开关（闸刀）触点等电气连接部位，红外热像图显示应无异常温升、温差和/或相对温差；

b. 判断时，应考虑检测前 3h 内的负荷电流及其变化情况。

③ 例行检查。

a. 就地和远方各进行 2 次操作，检查传动部件是否灵活；

b. 接地开关的接地连接良好；

c. 检查操动机构内、外积污情况，必要时需进行清洁；

d. 抽查螺栓、螺母是否有松动，是否有部件磨损或腐蚀；

e. 检查支柱绝缘子表面和胶合面是否有破损、裂纹；

f. 检查动、静触点的损伤、烧损和脏污情况，情况严重时应予以更换；

g. 检查触指弹簧压紧力是否符合技术要求，不符合要求的应予以更换；

h. 检查联锁装置功能是否正常；

i. 检查辅助回路和控制回路电缆、接地线是否完好，用 1000V 绝缘电阻表测量电缆的绝缘电阻，应无显著下降；

j. 检查加热器功能是否正常；

k. 按设备技术文件要求对轴承等活动部件进行润滑。

④ 隔离开关和接地开关诊断性试验。有下列情形之一，测量主回路电阻。

a. 红外热像检测发现异常；

b. 上一次测量结果偏大或呈明显增长趋势，且又有 2 年未进行测量；

c. 自上次测量之后又进行了 100 次以上分、合闸操作；

d. 对核心部件或主体进行解体性检修之后。

测量电流可选取介于 100A 到额定电流之间的任意值，测量方法参考 DL/T 593—2016《高压开关设备控制设备标准的共用技术要求》进行。

11）耦合电容器。

① 巡检说明。电容器无油渗漏；瓷件无裂纹；无异物附着；高压引线、接地线连接正常。

② 红外热像检测。测电容器及其所有电气连接部位，红外热像图显示应无异常温升、温差和/或相对温差。检测和分析方法参考 DL/T 664—2016《带电设备红外诊断应用规范》进行。

③ 绝缘电阻。极间绝缘电阻采用 2500V 绝缘电阻表测量，低压端对地绝缘电阻采用 1000V 绝缘电阻表测量。

④ 电容量和介质损耗因数。多节串联的，应分节测量。测量前应确认外绝缘表面清洁、干燥，分析时应注意温度影响。

⑤ 耦合电容器诊断性试验。需要验证绝缘强度时进行交流耐压试验。试验电压为出厂试验值的 80%，耐受时间为 60s。

⑥ 局部放电测量。诊断是否存在严重局部放电缺陷时进行本项目。测量方法参见 DL/T 417—2019《电力设备局部放电现场测量导则》进行。

12）金属氧化物避雷器。

① 巡检说明。

a. 瓷套无裂纹；复合外套无电蚀痕迹；无异物附着；均压环无错位；高压引线、接地线连接正常；

b. 若计数器装有电流表，应记录当前电流值，并与同等运行条件下其他避雷器的电流值进行比较，要求无明显差异；

c. 记录计数器的指示数。

② 红外热像检测。用红外热像仪检测避雷器本体及电气连接部位，红外热像图显示应无异常温升、温差和/或相对温差。检测和分析方法参考 DL/T 664—2016《带电设备红外诊断应用规范》进行。

③ 运行中持续电流检测。

a. 具备带电检测条件时，宜在每年雷雨季节前进行本项目；

b. 通过与同组间其他金属氧化物避雷器的测量结果相比做出判断，彼此应无显著差异。

④ 直流 1mA 电压（U_{1mA}）及 $0.75U_{1mA}$ 下漏电流测量。

a. 对于单相多节串联结构，应逐节进行。

b. U_{1mA} 偏低或 $0.75U_{1mA}$ 下漏电流偏大时，应先排除电晕和外绝缘表面漏电流的影响。

除例行试验之外，有下列情形之一的金属氧化物避雷器，也应进行本项目。

a. 红外热像检测时，温度同比异常；

b. 运行电压下持续电流偏大；

c. 有电阻片老化或者内部受潮的家族缺陷，隐患尚未消除。

⑤ 底座绝缘电阻：用 2500V 的绝缘电阻表测量。

⑥ 放电计数器功能检查。

a. 如果已有 3 年以上未检查，有停电机会时进行本项目；

b. 检查完毕应记录当前基数；

c. 若装有电流表，应同时校验电流表，校验结果应符合设备技术文件要求。

⑦ 金属氧化物避雷器诊断性试验。

a. 工频参考电流下的工频参考电压，诊断内部电阻片是否存在老化、检查均压电容等缺陷时进行本项目，对于单相多节串联结构，应逐节进行；

b. 均压电容的电容量，如果金属氧化物避雷器装备有均压电容，为诊断其缺陷，可进行本项目；

c. 对于单相多节串联结构，应逐节进行。

13）电力电缆。

① 电力电缆巡检及例行试验。

a. 检查电缆终端外绝缘是否有破损和异物，是否有明显的放电痕迹，是否有异味和异常声响；

b. 充油电缆油压正常，油压表完好；

c. 引入室内的电缆入口应封堵完好，电缆支架牢固，接地良好。

② 红外热像检测。红外热像检测电缆终端、中间接头、电缆分支处及接地线（如可测），红外热像图显示应无异常温升、温差和/或相对温差。测量和分析方法参考 DL/T 664—2016

《带电设备红外诊断应用规范》进行。

③ 运行检查。

a. 通过人孔或者类似入口，检查电缆是否存在过度弯曲、过度拉伸、外部损伤、敷设路径塌陷、雨水浸泡、接地连接不良、终端（含中间接头）电气连接松动、金属附件腐蚀等危及电缆安全运行的现象。

b. 特别注意电缆各支撑点绝缘是否出现磨损。

④ 主绝缘电阻。用 5000V 绝缘电阻表测量。绝缘电阻与上次相比不应有显著下降，否则应做进一步分析，必要时进行诊断性试验。

⑤ 外护套及内衬层绝缘电阻。

a. 采用 1000V 绝缘电阻表测量。当外护套或内衬层的绝缘电阻（MΩ）与被测电缆长度（km）的乘积值小于 0.5 时，应判断其是否已破损进水；

b. 用万用表测量绝缘电阻，然后调换表笔重复测量，如果调换前后的绝缘电阻差异明显，可初步判断已破损进水；

c. 对于 110kV 及以上电缆，测量外护套绝缘电阻。

⑥ 交叉互联系统。

a. 电缆外护套、绝缘接头外护套、绝缘夹板对地直流耐压试验。试验时应将护层过电压保护器断开，在互联箱中将另一侧的所有电缆金属套都接地，然后每段电缆金属屏蔽或金属护套与地之间加 5kV 直流电压，加压时间为 60s，不应击穿。

b. 护层过电压保护器检测。护层过电压保护器的直流参考电压应符合设备技术要求；护层过电压保护器及其引线对地的绝缘电阻用 1000V 绝缘电阻表测量，应大于 10MΩ；检查互联箱闸刀（或连接片）连接位置，应正确无误；在密封互联箱之前测量闸刀（或连接片）的接触电阻，要求不大于 20μΩ，或符合设备技术文件要求。

c. 除例行试验外，如在互联系统大段内发生故障，应对该大段进行试验；如互联系统内直接接地的接头发生故障，与该接头连接的相邻两个大段都应进行试验。试验方法参考 GB 50150—2016《电气装置安装工程电气设备交接试验标准》进行。

⑦ 电缆主绝缘交流耐压试验。

a. 采用谐振电路，谐振频率应在 300Hz 以下；

b. 220kV 及以上，试验电压为 $1.36U_0$；

c. 110kV/66kV，试验电压为 $1.6U_0$，时间 5min；

d. 如试验条件许可，宜同时测量介质损耗因数和局部放电；

e. 新做终端、接头或受其他试验项目警示，需要检验主绝缘强度时，也应进行本项目。

⑧ 油压示警系统。每半年对油压示警系统信号装置开展一次检查，当试验开关合上后，油压示警系统应能正确发出相应的示警信号。每隔离 3 年测量一次控制电缆线芯对地绝缘电阻，测量时选择 2500V 绝缘电阻表，绝缘电阻（MΩ）与被测电缆长度（km）的乘积应不小于 1。

⑨ 压力箱。

a. 供油特性：压力箱的供油量不应小于供油特性曲线所代表的标称供油量的 90%。

b. 电缆油击穿电压：≥50kV。测量方法参考 GB/T 507—2002《绝缘油击穿电压测定法》进行。

c. 电缆油介质损耗因数：<0.005，在油温 100±1℃和场强 1MV/m 的测试条件下测量，测量方法参考 GB/T 5654—2007《液体绝缘材料相对电容率、介质损耗因数和直流电阻率的测量标准》进行。

⑩ 电力电缆诊断性试验。

a. 铜屏蔽层电阻和导体电阻比，需要判断屏蔽层是否出现腐蚀时，或者重做终端或接头后进行本项目；

b. 在相同温度下，测量铜屏蔽层和导体的电阻，屏蔽层电阻和导体电阻之比应无明显改变；

c. 比值增大，可能是屏蔽层出现腐蚀；比值减少，可能是附件中的导体连接点的电阻增大。

⑪ 介质损耗因数测量。

a. 未老化的交联聚乙烯电缆（XLPE），其介质损耗因数通常不大于 0.001；

b. 介质损耗因数可以在工频电压下测量，也可以在 0.1Hz 低频电压下测量，测量电压为 U_0；

c. 同等测量条件下，如介质损耗因数较初值有增加明显，或者大于 0.002 时（XLPE），需进一步试验。

⑫ 电缆及附件内的电缆油。

a. 击穿电压：≥45kV；

b. 介质损耗因数：在油温 100±1℃和场强 1MV/m 的测试条件下，对于 U_0=190kV 的电缆，不应大于 0.01；对于 U_0≤127kV 的电缆，不应大于 0.03；

c. 油中溶解气体分析：各气体含量满足下列注意值要求（μL/L），可燃气体总量<1500；H_2<500；C_2H_2 痕量；CO<100；CO_2<1000；CH_4<200；C_2H_4<200；C_2H_6<200。试验方法按 GB 7252—2001《变压器油中溶解气体分析和判断导则》进行。

⑬ 主绝缘直流耐压试验。

a. 失去油压导致受潮、进气修复后或新做终端、接头后进行本项目；

b. 直流试验电压值根据电缆电压并结合其雷电冲击耐受电压值选取，耐压时间为 5min。

4.3　变电设备状态管控典型应用案例

4.3.1　变电设备红外测温举例

1. 异常概况

2018 年 5 月 29 日，在开展 220kV ××变电站带电检测工作时，发现 11 处发热异常部位，如图 4-2～图 4-12 所示。现场环境参考体温度为 33.2℃，具体情况如下几个方面所叙。

（1）35kV 2 号电容器闸刀 A 相静触头接头处（靠电缆侧）发热异常，温度最大为 108.5℃，B 相为 34.9℃，C 相为 35.9℃，最大温差为 74.6K，最大相对温差为 97.7%。

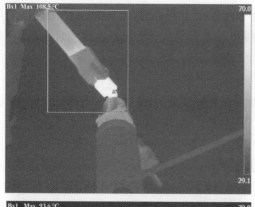

图 4-2 异常案例 1 图

参考 DL/T 664—2016《带电设备红外诊断应用规范》中的附录 A："金属部件与金属部件的连接热点温度大于 130℃或δ≥90%，且热点温度大于 90℃"，可定性为电流致热型紧急缺陷。

（2）35kV 2 号电容器并联电容器本体 C 相搭接头处发热异常，温度为 46.1℃，B 相为 33.4℃，C 相为 32.8℃，最大温差为 13.3K，最大相对温差为 103.1%。

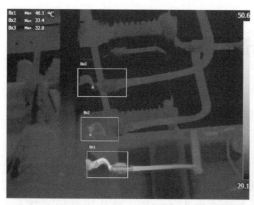

图 4-3 异常案例 2 图

参考 DL/T 664—2016《带电设备红外诊断应用规范》中的附录 A："金属部件与金属部件的连接热点δ≥35%，但热点温度未达严重缺陷温度值"，可定性为电流致热型一般缺陷。

（3）35kV 3 号电容器闸刀 C 相静触头接头处（靠电抗器侧）发热异常，温度最大为 75.9℃，B 相为 39.5℃，最大温差为 36.4K，最大相对温差为 85.2%。

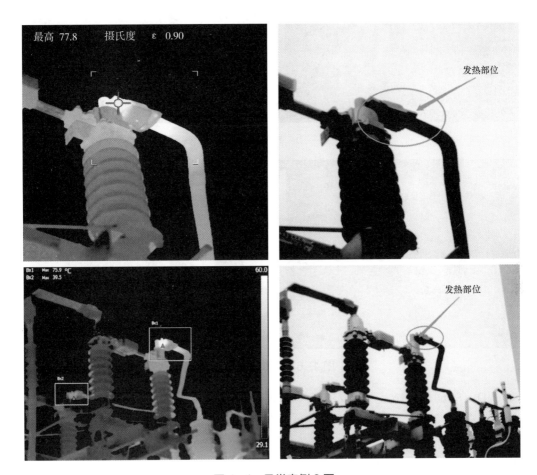

图 4-4　异常案例 3 图

参考 DL/T 664—2016《带电设备红外诊断应用规范》中的附录 A："金属部件与金属部件的连接热点 $\delta \geqslant 80\%$，但热点温度未达到紧急缺陷温度值"，可定性为电流致热型严重缺陷。

（4）35kV 3 号电容器并联电容器 B、C 相套管接头异常发热异常，温度最大为 96.7℃，B 相为 52.6℃，A 相为 33.7℃，最大温差为 63.0K，最大相对温差为 99.2%。

参考 DL/T 664—2016《带电设备红外诊断应用规范》中的附录 A："金属部件与金属部件的连接热点温度大于 130℃或 $\delta \geqslant 90\%$，且热点温度大于 90℃"，可定性为电流致热型紧急缺陷。

（5）35kV 4 号电容器闸刀 C 相静触头接头处（靠电缆侧）发热异常，温度最大为 64.1℃，B 相为 36.1℃，最大温差为 28.0K，最大相对温差为 90.6%。

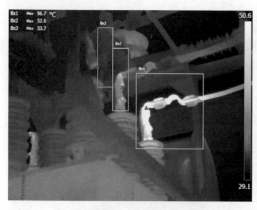

图 4-5　异常案例 4 图

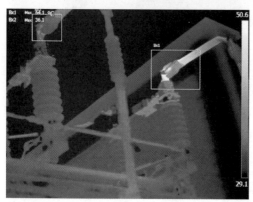

图 4-6　异常案例 5 图

参考 DL/T 664—2016《带电设备红外诊断应用规范》中的附录 A："金属部件与金属部件的连接热点 $\delta \geqslant 35\%$，但热点温度未达严重缺陷温度值"，可定性为电流致热型一般缺陷。

（6）35kV 4 号电容器电抗器 C 相接头处发热异常，温度最大为 65.0℃，B 相为 35.8℃，最大温差为 29.2K，最大相对温差为 91.8%。

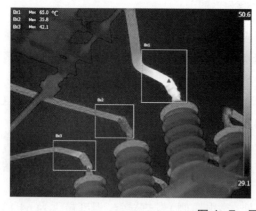

图 4-7　异常案例 6 图

参考 DL/T 664—2016《带电设备红外诊断应用规范》中的附录 A："金属部件与金属部

件的连接热点 $\delta \geqslant 35\%$，但热点温度未达严重缺陷温度值"，可定性为电流致热型一般缺陷。

（7）35kV 4 号电容器并联电容器 C 相接头处（电抗器侧）发热异常，温度最大为 97.2℃，B 相为 65.1℃，A 相为 39.2℃，最大温差为 58.0K，最大相对温差为 90.6%。

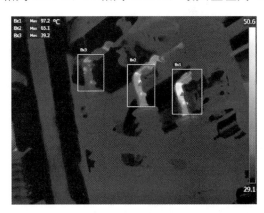

图 4-8　异常案例 7 图

参考 DL/T 664—2016《带电设备红外诊断应用规范》中的附录 A："金属部件与金属部件的连接热点温度大于 130℃或 $\delta \geqslant 90\%$，且热点温度大于 90℃"，可定性为电流致热型紧急缺陷。

（8）35kV 4 号电容器并联电容器 A 相为接头处（靠围墙侧）发热异常，温度最大为 48.2℃，B 相为 33.1℃，C 相为 32.1℃，最大温差为 16.1K，最大相对温差为 107.3%。

图 4-9　异常案例 8 图

参考 DL/T 664—2016《带电设备红外诊断应用规范》中的附录 A："金属部件与金属部件的连接热点 $\delta \geqslant 35\%$，但热点温度未达严重缺陷温度值"，可定性为电流致热型一般缺陷。

（9）35kV 6 号电容器闸刀 A 相静触头接头处（靠电缆侧）发热异常，温度最大为 41.7℃，B 相为 33.6℃，最大温差为 8.1K，最大相对温差为 95.3%。

参考 DL/T 664—2016《带电设备红外诊断应用规范》中的附录 A："金属部件与金属部件的连接热点 $\delta \geqslant 35\%$，但热点温度未达严重缺陷温度值"，可定性为电流致热型一般缺陷。

（10）35kV 6 号电容器并联电容器 A 相接头处（靠电抗器侧）发热异常，温度最大为 61.1℃，B 相为 46.2℃，C 相为 36.7℃，最大温差为 24.4K，最大相对温差为 87.5%。

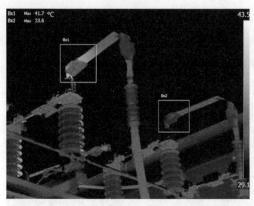

图 4-10 异常案例 9 图

图 4-11 异常案例 10 图

参考 DL/T 664—2016《带电设备红外诊断应用规范》中的附录 A："金属部件与金属部件的连接热点 $\delta \geq 35\%$，但热点温度未达严重缺陷温度值"，可定性为电流致热型一般缺陷。

（11）35kV 6 号电容器并联电容器 A 相接头处（靠围墙侧）发热异常，温度最大为 59.7℃，B 相为 34.3℃，C 相为 36.8℃，最大温差为 25.4K，最大相对温差为 95.8%。

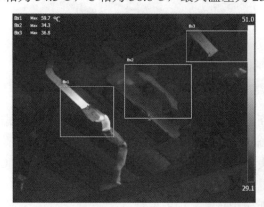

图 4-12 异常案例 11 图

参考 DL/T 664—2016《带电设备红外诊断应用规范》中的附录 A："金属部件与金属部件的连接热点 $\delta \geq 35\%$，但热点温度未达严重缺陷温度值"，可定性为电流致热型一般缺陷。

2. 结论及建议

（1）结论。

1）异常发热的主要原因可能是搭接螺栓松动或锈蚀，搭接面接触不良，在大电流的作用下发热烧蚀，接触电阻增大。

2）由于室外环境恶劣，空气污染较重，也可能造成搭接头螺栓氧化腐蚀较严重。

3）搭接头螺栓等制作和安装工艺有可能存在问题。

（2）建议。

1）及时安排检修对搭接面进行除锈处理，涂上导电脂并紧固螺栓，保证搭接面接触良好，复役后红外复测发热点是否恢复正常。

2）密切关注其他站电容器搭接头的红外测温情况，举一反三，减少乃至杜绝此类事件的发生，确保电容器都能有一个安全稳定的良好运行状态。

3）本次案例说明，红外测温是十分有效的带电检测手段，它能迅速、准确地发现设备缺陷，为设备状态评价提供有力手段。应继续充分利用红外测温技术，广泛开展变电站隐患排查，保证设备及电网的安全、稳定运行。

4.3.2　开关柜局部放电检测举例

1. 异常概况

2017 年 3 月 4 日，设备主人在对 220kV ××变电站 35kV 开关室设备进行超声波局部放电检测时，检测到 2 号站用变压器 35kV 开关柜后超声波检测数据存在异常，测试结果最大值分别为 18dB，明显大于背景值（−6dB）。设备主人对该部位进行诊断测试，综合应用背景干扰识别法、幅值定位法等，根据开关柜检测发现的异常局部放电信号，通过横向对比、空间定位，依据幅值的变化进行逐项排查，并结合设备结构和运维上报缺陷等信息，加之现场能听到明显的放电电流声。因此，设备主人认为 2 号站用变压器 35kV 开关柜后存在放电现象。

2. 检测对象及项目

检测对象为 220kV ××变电站 35kV 开关柜，相关信息如表 4−6 所示。检测项目为超声波局部放电检测。

表 4−6　　　　　　　　　　被 测 设 备 信 息

电压等级（kV）	生产厂家	设备型号	出厂日期
35	顶塔	KYN−40.5	2005 年 7 月

3. 检测仪器及装置

现场所用的检测仪器及装置信息如表 4−7 所示。

表 4−7　　　　　　　　　　检 测 仪 器 及 装 置

设备名称	型号	编号	生产厂家	校验日期
局部放电检测仪	UltraTEV Plus+	1725	UltraTEV Plus+	2016 年 3 月 9 日

4. 检测依据

（1）Q/GDW 1168—2013《输变电设备状态检修试验规程》。

（2）国家电网公司生变电〔2010〕11 号《电力设备带电检测技术规范（试行）》。

（3）国家电网公司运检一〔2014〕108 号《变电站设备带电检测工作指导意见》。

（4）GB 50169—2006《电气装置安装工程接地装置施工及验收规范》。

5. 检测数据

（1）检测环境。现场检测环境条件如表 4-8 所示。

表 4-8　　　　　　　　　　　现 场 检 测 环 境 信 息

检测时间	天气	温度（℃）	相对湿度（%）
2017 年 3 月 4 日 15：25	阴	18	70

（2）运行负荷情况。检测前对设备电压进行了查看和记录，其中 2 号站用变压器 35kV 开关间隔负荷情况见表 4-9 所示。

表 4-9　　　　　　　　　2 号站用变压器 35kV 开关间隔负荷情况

测试日期	相别	负荷电流（A）
2017 年 3 月 4 日 15：25	IA	0.01
	IB	0.01
	IC	0.01

（3）超声波局部放电检测情况。

1）发现异常。3 月 4 日采用 UILTRA 超声波局部放电测试仪在 2 号站用变压器 35kV 开关柜电缆仓（后）进行检测时，整个后柜存在超声波异常信号，检测数值最大为 18dB，如图 4-13 所示，明显大于初始背景值-6dB。怀疑 2 号站用变压器 35kV 开关柜（后）存在异常放电现象。

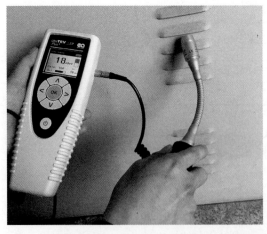

图 4-13　2 号站用变压器 35kV 开关柜（后）右下侧检测结果

2）排除干扰。在相同的环境背景下，后续对其及相邻间隔 2 号站用变压器和备用 4 间隔进行检测，上中下各取 2 个点三个方向依次进行检测结果如表 4–10 所示。可以排除的是外界的干扰，确定是 2 消弧线圈开关柜（后）存在明显的放电现象。

表 4–10　　　　　　2 号站用变压器 35kV 开关及其相邻间隔柜（后）检测结果

设备名称	测试方向	柜后（左）	柜后（右）
2 号站用变压器	上	−6	−6
	中	−5	5
	下	−6	−2
2 号站用变压器 35kV 开关	上	17	14
	中	11	9
	下	12	18
备用 4	上	−6	−5
	中	−6	−5
	下	3	−4

3）位置定位。根据 2 号站用变压器 35kV 开关柜后视图（图 4–14），可以发现，母线仓和电缆仓都可能是放电位置。

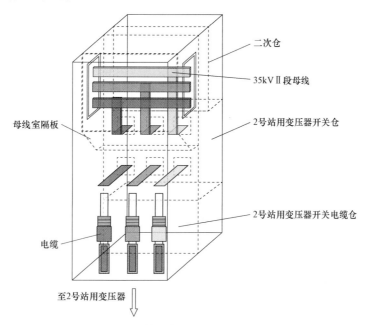

图 4–14　2 号站用变压器 35kV 开关柜后视图

6. 验证情况

暂态地电波。当高压电气设备发生局部放电时，放电电量先聚集在与放电点相邻的接地金属部分，形成电流脉冲并向各个方向传播。对于内部放电，放电电量聚集在接地屏蔽的内表面，放电产生的电磁波通过金属箱体的接缝处或气体绝缘开关的衬垫传播出去，同时产生一个暂态电压，通过设备的金属箱体外表面而传到地下去。

利用 EA 局部放电检测仪暂态地电波检测方法进行检测，检测数据与邻近正常间隔的检测数据对比无明显变化。

2 号站用变压器 35kV 开关柜暂态地电波对比结果如表 4-11 所示。

表 4-11　　　　　　2 号站用变压器 35kV 开关柜暂态地电波对比结果

测试序号	设备名称	测量值（dBmV）				
		空气背景 21，金属背景 19				
		前中	前下	后上	后中	后下
1	备用 4	19	22	16	15	17
2		21	21	16	15	17
1	2 号站用变压器 35kV 开关	19	23	19	17	18
2		21	20	19	15	17
1	2 号站用变压器	23	25	19	19	19
2		21	27	17	21	19

根据现场开关室检查情况，在站用变压器观察窗内未发现明显放电痕迹。已询问运行人员，已计划消缺结合停电处理。

7. 结论及建议

综合以上分析，设备主人认为 2 号站用变压器 35kV 开关柜（后）超声波异常信号可能是其内部放电所致。超声波信号峰值达到 18dB，已经达到 Q/GDW 11060—2013《交流金属封闭开关设备暂态地电压局部放电带电测试技术现场应用导则》中明显放电标准（＞8dB）。

由于 220kV ××变压器所在区域地质较软，整站沉降现象比较严重，开关室内的柜体有部分已发生变形。加之该区域靠近海边，开关室空气湿度较大，除湿难度大，容易发生凝露现象从而发生局部放电。根据国家电网公司运检一（2014）108《变电站设备带电检测工作指导意见》及现场检测情况，建议做到以下几个方面。

（1）保持开关室内环境干燥。

（2）对 2 号站用变压器 35kV 开关柜放电情况加强跟踪，根据负荷变化对其进行超声波跟踪测试，采用多种手段进行跟踪复测；天气潮湿时，加强现场巡视，缩短检测周期。如果情况严重，及时安排停电处理。

（3）结合 C 检、大修等停电工作，进行处理、更换。

4.3.3　变电设备"一站一库"管理业务应用举例

××变副母综合检修涉及 1、2、3 号主变压器等 220kV 层面共 8 个间隔的检修维护工作，具体包括 3 个主变压器间隔、4 个 220kV 出线间隔、1 个 220kV 母联间隔、1 个母线压变间隔、3 个 220kV 副母线接地开关间隔。同步开展相关设备消缺、隐患治理、反措、隐患治理、精益化评价整改工作。编制"一站一库"问题整改清单具体如下几个方面。

（1）大修项目。本次综合检修涉及大修项目 16 项，如表 4-12 所示。

表 4-12 大修项目的大修内容及工期

序号	设备名称	大修原因	大修内容	工期（h）
1	1 号主变压器 220kV 断路器	开关专业要求	开关机构大修	8
2	2 号主变压器 220kV 断路器	开关专业要求	开关机构大修	8
3	××1 线断路器	开关专业要求	开关机构大修	8
4	××2 线断路器	开关专业要求	开关机构大修	8
5	1 号主变压器 220kV 断路器间隔 TA	B 级检修	更换防雨罩	3
6	2 号主变压器 220kV 断路器间隔 TA	B 级检修	更换防雨罩	3
7	3 号主变压器 220kV 断路器间隔 TA	B 级检修	更换防雨罩	3
8	220kV 母联间隔 TA	B 级检修	更换防雨罩	3
9	××1 间隔 TA	B 级检修	更换防雨罩	3
10	××2 间隔 TA	B 级检修	更换防雨罩	3
11	××3 间隔 TA	B 级检修	更换防雨罩	3
12	××4 间隔 TA	B 级检修	更换防雨罩	3
13	1 号主变压器 110kV 断路器	开关专业要求	开关机构大修	8
14	2 号主变压器 110kV 断路器	开关专业要求	开关机构大修	8
15	1 号主变压器 35kV 断路器	开关专业要求	开关机构大修	8
16	2 号主变压器 35kV 断路器	开关专业要求	开关机构大修	8

（2）反措项目。本次综合检修涉及反措项目 27 项如表 4-13 所示。

表 4-13 反措项目的反措执行内容及工期

序号	设备名称	问题描述	对应反措	治理措施	工期（h）
1	1 号主变压器 220kV 副母隔离开关	SPVT 隔离开关	SPVT 隔离开关反措	更换导电臂	1/台
2	××2 副母隔离开关	SPVT 隔离开关	SPVT 隔离开关反措	更换导电臂	1/台
3	2 号主变压器 220kV 副母隔离开关	SPVT 隔离开关	SPVT 隔离开关反措	更换导电臂	1/台
4	××4 副母隔离开关	SPVT 隔离开关	SPVT 隔离开关反措	更换导电臂	1/台
5	××3 副母隔离开关	SPVT 隔离开关	SPVT 隔离开关反措	更换导电臂	1/台
6	××1 副母隔离开关	SPVT 隔离开关	SPVT 隔离开关反措	更换导电臂	1/台
7	220kV 母联开关副母隔离开关	SPVT 隔离开关	SPVT 隔离开关反措	更换导电臂	1/台
8	1 号主变压器	主变压器低压侧绝缘化检查完善	1 号主变压器低压侧绝缘化反措	主变压器低压侧绝缘化检查完善	2/台
9	2 号主变压器	主变压器低压侧绝缘化检查完善	2 号主变压器低压侧绝缘化反措	主变压器低压侧绝缘化检查完善	2/台
10	3 号主变压器	主变压器低压侧绝缘化检查完善	3 号主变压器低压侧绝缘化反措	主变压器低压侧绝缘化检查完善	2/台

序号	设备名称	问题描述	对应反措	治理措施	工期（h）
11	1 号主变压器 220kV 隔离开关间隔	带角度设备线夹、避雷器均压环排水孔排查	带角度设备线夹应打排水孔	打排水孔	1/台
12	××2 断路器间隔	带角度设备线夹、避雷器均压环排水孔排查	带角度设备线夹应打排水孔	打排水孔	1/台
13	2 号主变压器 220kV 断路器间隔	带角度设备线夹、避雷器均压环排水孔排查	带角度设备线夹应打排水孔	打排水孔	1/台
14	××4 断路器间隔	带角度设备线夹、避雷器均压环排水孔排查	带角度设备线夹应打排水孔	打排水孔	1/台
15	正秀 2P6 断路器间隔	带角度设备线夹、避雷器均压环排水孔排查	带角度设备线夹应打排水孔	打排水孔	1/台
16	××1 断路器间隔	带角度设备线夹、避雷器均压环排水孔排查	带角度设备线夹应打排水孔	打排水孔	1/台
17	3 号主变压器 220kV 断路器间隔	带角度设备线夹、避雷器均压环排水孔排查	带角度设备线夹应打排水孔	打排水孔	1/台
18	220kV 副母隔离开关间隔	带角度设备线夹、避雷器均压环排水孔排查	带角度设备线夹应打排水孔	打排水孔	1/台
19	1 号主变压器 220kV 断路器间隔	密度计和机构箱的进出电缆保护管未打滴水孔	电缆低点打排水孔	打排水孔	1/台
20	××2 断路器间隔	密度计和机构箱的进出电缆保护管未打滴水孔	电缆低点打排水孔	打排水孔	1/台
21	××1 断路器间隔	密度计和机构箱的进出电缆保护管未打滴水孔	电缆低点打排水孔	打排水孔	1/台
22	2 号主变压器 220kV 断路器间隔	密度计和机构箱的进出电缆保护管未打滴水孔	电缆低点打排水孔	打排水孔	1/台
23	××4 断路器间隔	密度计和机构箱的进出电缆保护管未打滴水孔	电缆低点打排水孔	打排水孔	1/台
24	××3 断路器间隔	密度计和机构箱的进出电缆保护管未打滴水孔	电缆低点打排水孔	打排水孔	1/台
25	3 号主变压器 220kV 断路器间隔	密度计和机构箱的进出电缆保护管未打滴水孔	电缆低点打排水孔	打排水孔	1/台
26	1 号主变压器 110、220kV 中性点放电间隙棒位置调整反措	由上下位置改为水平方式	更改为水平方式	更改为水平方式	6/台
27	2 号主变压器 110、220kV 中性点放电间隙棒位置调整反措	由上下位置改为水平方式	更改为水平方式	更改为水平方式	6/台

（3）消缺项目。本次综合检修涉及消缺项目共 8 项如表 4-14 所示。

表 4-14 消缺项目的消缺内容及工期

序号	设备名称	缺陷内容	缺陷性质	工期（h）
1	××2 开关机构箱	××2 开关机构箱渗水受潮	一般	2
2	1 号主变压器	××变压器 1 号主变压器 35kV 低压侧套管头处绝缘保护壳裂开	一般	2

续表

序号	设备名称	缺陷内容	缺陷性质	工期（h）
3	2 号主变压器 110kV 中性点接地开关底座	2 号主变压器 110kV 中性点接地开关底座锈蚀	一般	2
4	2 号主变压器	2 号主变压器油枕与本体连接处掉落一颗连接螺栓，其他螺栓锈蚀	一般	2
5	1 号主变压器	1 号主变压器本体现场绕组温度 43℃，油温 1 显示 40℃；监控后台绕组温度 48.71℃，油温 1 显示 94.57℃	一般	2
6	1 号主变压器	1 号主变压器气体继电器上有渗油	一般	2
7	2 号主变压器	2 号主变压器导气盒、排剩余油阀处渗油	一般	2
8	3 号主变压器	3 号主变压器 35kV C 相避雷器凝露，指针偏转到负值	一般	2

（4）精益化评价整改项目。本次综合检修涉及精益化评价整改项目 16 项如表 4-15 所示。

表 4-15　　　　　　　　　　精益化评价整改项目的整改内容及工期

序号	设备名称	整改原因	整改内容	工期（h）
1	1 号主变压器及三侧断路器间隔	间隔设备防腐	防腐	2/间隔
2	2 号主变压器及三侧断路器间隔	间隔设备防腐	防腐	2/间隔
3	3 号主变压器及两侧断路器间隔	间隔设备防腐	防腐	2/间隔
4	××4 间隔	间隔设备防腐	防腐	2/间隔
5	××3 间隔	间隔设备防腐	防腐	2/间隔
6	××1 间隔	间隔设备防腐	防腐	2/间隔
7	220kV 母联断路器间隔	间隔设备防腐	防腐	2/间隔
8	××2 断路器间隔	间隔设备防腐	防腐	2/间隔
9	1 号主变压器及三侧断路器间隔	机构箱、端子箱的防水、加热器检查	防水防、防凝露整治	3/台
10	2 号主变压器及三侧断路器间隔	机构箱、端子箱的防水、加热器检查	防水防、防凝露整治	3/台
11	3 号主变压器及两侧断路器间隔	机构箱、端子箱的防水、加热器检查	防水防、防凝露整治	3/台
12	××4 间隔	机构箱、端子箱的防水、加热器检查	防水防、防凝露整治	3/台
13	××3 间隔	机构箱、端子箱的防水、加热器检查	防水防、防凝露整治	3/台
14	××1 间隔	机构箱、端子箱的防水、加热器检查	防水防、防凝露整治	3/台
15	220kV 母联断路器间隔	机构箱、端子箱的防水、加热器检查	防水防、防凝露整治	3/台
16	××2 断路器间隔	机构箱、端子箱的防水、加热器检查	防水防、防凝露整治	3/台

（5）隐患治理项目。本次综合检修涉及隐患治理项目 21 项如表 4-16 所示。

表 4-16　　　　　　　　　　　隐患治理项目的内容及工期

序号	设备名称	隐患描述	隐患性质	治理措施	工期（h）
1	1 号主变压器 220kV 断路器	断路器防跳功能检查	一般		6
2	2 号主变压器 220kV 断路器	断路器防跳功能检查	一般		6
3	3 号主变压器 220kV 断路器	断路器防跳功能检查	一般		6
4	××2 断路器	断路器防跳功能检查	一般		6
5	××1 断路器	断路器防跳功能检查	一般		6
6	××4 断路器	断路器防跳功能检查	一般		6
7	××3 断路器	断路器防跳功能检查	一般		6
8	1 号主变压器 110kV 断路器	断路器防跳功能检查	一般	按照市公司运检部《断路器防跳回路核查方案讨论会会议纪要》执行	6
9	2 号主变压器 110kV 断路器	断路器防跳功能检查	一般		6
10	3 号主变压器 110kV 断路器	断路器防跳功能检查	一般		6
11	1 号主变压器 35kV 断路器	断路器防跳功能检查	一般		6
12	2 号主变压器 35kV 断路器	断路器防跳功能检查	一般		6
13	220kV 母联断路器	断路器防跳功能检查	一般		6
14	1 号主变压器	分接开关油微水超标排查	一般		8
15	2 号主变压器	分接开关油微水超标排查	一般		8
16	3 号主变压器	分接开关油微水超标排查	一般		8
17	××1 线副母隔离开关	鸟巢隐患	一般	鸟巢隐患	6
18	××4 线副母隔离开关 A 相	鸟巢隐患	一般	鸟巢隐患	6
19	3 号主变压器 220kV 副母隔离开关	鸟巢隐患	一般	鸟巢隐患	6
20	1 号主变压器 220kV 副母隔离开关	鸟巢隐患	一般	鸟巢隐患	6
21	2 号主变压器 110kV 中性点接地开关底座	鸟巢隐患	一般	鸟巢隐患	6

4.3.4　监控异常信号及设备状态评价举例

1. 监控后台设备状况

×月，所辖 4 座变电站的共计 8 台监控后台机中，除××变、××变存在××异常情况外，其余各变电站监控后台画面显示正常、数据刷新正常、对时正常。监控后台设备现存缺陷情况如表 4-17 所示。

表 4-17　　　　　　　　　　　　　某月监控后台现存缺陷

序号	变电站	设备名称	异常现象	原因确认	缺陷等级	管控措施
1	××变电站	1号主变压器	执行1号主变压器由主变压器检修改为冷备用程序化任务时,拉开1号主变压器110kV变压器接地开关后,再拉1号主变压器220kV变压器接地开关执行不下去,而且监控后台单步操作也操作不了,只能在汇控柜上操作	后台显示红点,无法操作	一般	具体原因待停电时进一步测试检查
2	××变电站	2号主变压器	执行2号主变压器由主变压器检修改为冷备用程序化任务时,拉2号主变压器110、220kV变压器接地开关都执行不下去,而且监控后台单步操作也操作不了,只能在汇控柜上操作	后台显示红点,无法操作	一般	具体原因待停电时进一步测试检查,2020年12月18日,停复役操作时可以进行顺控操作,缺陷发生存在概率问题
3	××变电站	××1392线	执行××1392线110kV母差SV程序化任务时,应该是投入110kV母差保护1392线SV接收软压板SV1,但实际显示的是"投入110kV母差保护110kVⅠ-Ⅱ段母分断路器SV接收软压板SV1"	执行××1392线110kV母差SV程序化任务时,应该是投入110kV母差保护××1392线SV接收软压板SV1,但实际显示的是"投入110kV母差保护110kVⅠ-Ⅱ段母分断路器SV接收软压板SV1"	一般	2019年11月18日,经×××与四方厂家检查,××1392线110kV母差SV程序化任务步骤描述错误,控点正确,已将描述修改正确。还未验证,待下次停电操作验证
4	××变电站	35kV保护装置	××变压器监控后台35kV保护装置定值无法打印	疑似通信问题	一般	现场保护装置核对与打印定值
5	××变电站	110kV母分断路器	110kV母分断路器由冷备用改为热备用程序化操作失败	疑似通信或程序化配置问题	一般	单点遥控进行操作
6	××变电站	××23P2	××23P2线光字显示××23,需要修改	光字命名错误	一般	加强监控后台一、二的跟踪巡视

2. 现存异常遥信分析（见表 4-18）

表 4-18　　　　　　　　　　　异 常 遥 信 分 析

序号	变电站	异常遥信内容	设备类型	原因确认	缺陷等级	管控措施
1	××变电站	当地后台显示2号接地变压器A、B网通信中断,但OPEN3000A、B网通信正常(2020年9月14日,当地后台显示1号接地变压器A、B网通信中断,但OPEN3000A、B网通信正常,最终同样通过重启保测装置异常恢复)	保测装置	两次通信中断均发生在现场工作较忙后台数据量较大的场景,初步怀疑保测装置通信模块故障	一般	异常经重启2号接地变压器保测装置后消失,对1、2号接地变压器加强跟踪巡视
2	××变电站	10kVⅥ段母线压变当地后台为远方位置,OPEN3000报文显示在就地位置	Open3000	现场切换远方/就地切换把手,发现当地后台与Open3000状态不统一	一般	加强巡视,并纳入自动化缺陷流程

3. 现存异常遥测分析（见表4-19）

表4-19 异常遥测分析

序号	变电站	异常遥测内容	设备类型	原因确认	缺陷等级	管控措施

4. 现存异常遥控分析（见表4-20）

表4-20 异常遥控分析

序号	变电站	异常遥控内容	设备类型	原因确认	缺陷等级	管控措施

5. 本月异常信息分析（见表4-21）

表4-21 异常信息分析

序号	变电站	信息内容	信息类型	设备类型	动作频次	同类频次	原因确认	缺陷等级	管控措施
1	××变电站	功率因数越限	告警	二次	动作422次	0次	大部分告警出现在2号主变压器停役，仅1号主变压器运行期间	一般	纳入关注类监控信息，2号主变压器停役期间加强跟踪巡视，结合自动化工作进一步检查处理

第5章

检 修 过 程 管 控

随着电网的不断发展，电网规模逐渐扩大，电力设备呈现多样性，停电检修、倒闸操作也在不断增加。变电站检修作业现场人员结构复杂，作业面多且存在交叉现象，安全隐患隐蔽性强，尤其是综合检修现场，涉及厂家人员、运行人员、检修人员、外来人员等，存在高空作业、动火作业、交叉作业以及机械伤人等隐患，如果检修过程不能得到规范、有效管控，可能会引发人身、电网、设备事故。

5.1 检修过程管控具体业务介绍

5.1.1 检修前期监管业务介绍

变电检修通常有技改项目、大修项目、例行检修项目、消缺抢修项目、反措精益化项目等，按照停电范围、项目管控难度、作业风险管控等级等可将检修种类分为大型检修、中型检修、小型检修三类。满足其中任一条件即定义为对应的检修种类，如表5-1所示。

表5-1   变 电 检 修 分 类

序号	检修种类	满足条件
1	大型检修	110（66）kV 及以上同一电压等级设备全停检
		一类变电站年度集中检修
		单日作业人员达到 100 人及以上的检修
		其他本单位认为重要的检修
2	中型检修	35 kV 及以上电压等级多间隔设备同时停电检修
		110（66）kV 及以上电压等级主变压器及各侧设备同时停电检修
		220 kV 及以上电压等级母线停电检修
		单日作业人员 50～100 人的检修
		其他本单位认为较重要的检修
3	小型检修	不属于大型检修、中型检修的现场作业定义为小型检修。如 35 kV 主变压器检修、单一进出线间隔检修、单一设备临停消缺等

1. 检修计划编制

变电检修计划编制包括年检修计划（见表 5-2）、月检修计划（见表 5-3）、周工作计划（见表 5-4）。运维部门应参与检修计划的编制，对于需要进行停电消缺处理的及时提交停电申请。

表 5-2　　　　　　　　　　××单位××年检修计划（模板）

序号	申请单位	变电站名称	电压等级	设备名称	检修内容	是否需要停电	停电范围	检修计划来源	申请开工时间	申请竣工时间	备注
1	××公司	××站	××kV	××	××××	是/否	××转检修	×××	××	××	××
2											
3											
4											
5											
6											
7											
8											
9											
10											
...											

填报日期：_____　　编制人：_____　　审核人：_____　　批准人：_____

注　"检修计划来源"填写例行检修、大修项目、技改项目等。

表 5-3　　　　　　　　　××单位××年××月检修计划（模板）

序号	申请单位	变电站名称	电压等级	设备名称	检修内容	是否需要停电	停电范围	检修计划来源	申请开工时间	申请竣工时间	备注
1	××公司	××站	××kV	××	××××	是/否	××转检修	×××	××	××	××
2											
3											
4											
5											
6											
7											
8											
9											
10											
...											

填报日期：_____　　编制人：_____　　审核人：_____　　批准人：_____

注　"检修计划来源"填写例行检修、大修项目、技改项目等。

表 5-4　　　　　　　　　　　　　　　××单位××周工作计划（模板）

序号	时间	变电站	工作内容	责任人	工作人员	备注
1	××年××月××日××： ××—××：××	××站	××××	×××	×××	××
2	……					

填报日期：＿＿＿＿＿＿＿＿　　　　　　　　　编制人：＿＿＿＿＿＿＿＿

审　核　人：＿＿＿＿＿＿＿＿　　　　　　　　批准人：＿＿＿＿＿＿＿＿

2. 现场踏勘

检修计划批复后，运检单位应结合检修计划开展检修前踏勘，按检修项目类别组织适当人员开展设备现场资料收集和踏勘，并填写踏勘记录。检修方案根据踏勘记录进行编制，涵盖检修人员、工机具、车辆物资的安排准备。

3. 检修方案

检修方案的编写应按照检修计划和现场踏勘资料进行，并作为检修现场组织实施技术指导文件，大、中、小型检修方案编写要求如表 5-5 所示。

表 5-5　　　　　　　　　　　　　　　检 修 方 案 编 写 要 求

序号	检修方案种类	编写要求
1	大型检修方案	方案应包括编制依据、工作内容、检修任务、组织措施、安全措施、技术措施、物资采购保障措施、进度控制保障措施、检修验收工作要求、作业方案等各种专项方案
		检修项目实施前 30d，检修项目实施单位应组织完成检修方案编制，检修项目管理单位运检部组织安质部、调控中心完成方案审核，报分管生产领导批准
		检修方案应报省公司运检部备案
2	中型检修方案	方案应包括编制依据、工作内容、检修任务、组织措施、安全措施、技术措施、物资采购保障措施、进度控制保障措施、检修验收工作要求、作业方案等各种专项方案
		如中型检修单个作业面的安全与质量管控难度不大、作业人员相对集中，其作业方案则可用"小型项目检修方案＋标准作业卡"替代
		检修项目实施前 15d，检修项目实施单位应组织完成检修方案编制，检修项目管理单位运检部、安质部、调控中心完成方案审核，报分管生产领导批准
3	小型检修方案	小型检修项目应编制检修方案，方案应包括项目内容、人员分工、停电范围、备品备件及工器具等
		检修项目实施前 3d，检修项目实施单位应组织完成检修方案编制和审批

4. 设备主人现场监管方案

为配合检修工作开展，推进变电设备主人管理模式，提升检修作业安全质量、效率，根据检修方案同步制定设备主人现场监管方案，并随检修方案共同会审。

设备主人监管方案包括编制说明及编制依据、组织结构及职责分工、工程概况、项目全过程管控措施、检修过程管控措施、设备检修项目验收、设备主人机制培训。

5. 工作票制度

在电气设备上工作时，工作票制度是保证安全的组织措施之一，工作票签发、许可、执行和终结过程中，工作票签发人、工作许可人、工作负责人、专责监护人和工作班成员各自履行相应的安全职责。

5.1.2　检修过程安全质量与进度监管业务介绍

变电检修作业现场施工涉及从工作签发许可、作业实施过程、工作间断、转移到工作终结的全过程，其中检修过程安全质量和进度监管尤其重要，从人身、设备、电网三个方面出发，针对作业现场各个方面的安全要点及相应的控制措施，设备主人能够更全面、有效地对检修过程进行监管，确保检修作业按照要求开展。

1. 检修过程安全监管

检修作业现场安全监管涵盖工作许可、工作过程、工作间断、转移和终结等，防止检修过程中出现人身触电、高处坠落、物体打击、机械伤害、有毒有害物质伤害、火灾伤害、设备损坏、试验过程设备误动等，确保检修过程人员、设备、电网安全。

2. 检修过程质量监管

检修工作应严格按照相应作业指导书及现场执行卡、施工工艺规范进行，全面落实各项反措要求，结合停役检修对设备进行系统的检查。各作业面负责人应根据检修设备，对照现场执行卡，对检修过程中的每一步进行质量检查、工艺确认，确保设备"应修必修、修必修好"。

3. 检修过程进度监管

检修应严格按照施工方案进度计划执行，不得随意对进度进行调整，施工过程中应对每日工作量进行均衡分配，防止出现疲劳施工和盲目赶工期现象。如遇到特殊情况、天气因素和设备原因需要进行延期或计划调整时，应及时向上级上报批准。

5.1.3　检修验收业务介绍

检修验收是对调试安装、检修施工的全面检查的重要环节，确保系统及设备安全、可靠投入运行的关键。验收有验收前准备、验收过程、验收结束三个环节。验收前准备工作包括检修人员提出设备验收申请，验收资料（验收单、验收卡等）编写、准备。验收过程包括检修前后状态核对，检修设备质量，检修过程中问题处理和验收。验收结束包括终结工作票，倒闸操作送电。

5.1.4　检修监管复查总结业务介绍

检修总结意味着整个检修工作已经全部完成,对检修工作进行梳理和总结。检修监管复查总结业务主要包括检修资料汇总,检修整体情况,项目完成情况,所修设备情况和遗留问题及后期应对措施,检修过程亮点工作,流程闭环终结。

5.2　检修过程管控具体业务实施

5.2.1　检修前期监管业务实施

1. 检修计划编制实施

(1)年度检修计划。对于年度检修计划,由运检部每年组织编制下年度检修计划,并将220kV及以上电压等级设备检修上报审核后发布。检修计划编制应兼顾设备的运行状态、超周期情况、缺陷情况、家族性问题等。应重点关注设备运行年限较长,设备老化明显,存在影响其正常运行的情形;对于长期运行的设备有超周期情况的必须进行停电试验的;对于存在家族性缺陷或者隐患影响正常运行须进行消缺;长期设备状态评价较差、隐患和反措排查出设备运行工况较差需要更换或者整改的情形。在制订年度计划时,应依据以下原则:

1)设备为本,应修必修。设备是电网的根本,设备的正常运行才能保证可靠的供电。设备超期运行、存在隐患和缺陷的设备、长期在不正常状态下运行的设备将危及电网的可靠和稳定,成为电网运行的"地雷"。因此在编制年度计划时应首先考虑到这些设备,结合设备的状态评价,对于那些存在问题、需要试验和检修的设备,应优先列入检修计划。

2)有所侧重,安排得当。随着社会用电量激增,变电设备规模越来越大,变电设备种类也越来越多。而考虑社会用电后留给电网停电时间有限,所以留给检修部门的人员设备承载力均是有限的,故而需要对检修的设备按照轻重缓急进行优先安排,对于尚能正常运行的设备尽可能安排在节假日和不影响生产的前提下进行检修消缺。

3)安全为主,兼顾效益。为尽量减少停电检修对社会用电的影响、提高检修部门人员的合理利用率,停电计划的编制需以变电站综合检修为主。综合检修实施时统筹考虑设备的技改大修需求、超周期服役状况等因素,同时结合考虑电网建设需求。

(2)月度检修计划。根据本年度检修计划,运检部组织开展月度检修计划编制,并报送各级调控中心。调控中心月停电计划平衡会运检部也应出席参加。运检部依据平衡会后发布的停电计划修订月检修计划后组织实施。

月度检修计划按照既定的年度检修计划进行月度分解,从而形成月度检修计划。对于年度检修计划之外的其他月度检修计划调整、新增停电计划、计划取消,如受到天气情况、保供电、设备异常、设备缺陷反措最新要求等情况,月度检修计划应进行相应的调整。在制订月度检修计划时,应依据以下原则:

1）统筹考虑，安排适当。制订月度检修计划需考虑刚性执行年度检修计划。计划的严格执行是检修工作正常开展的保证。编制月度计划必须以年度检修计划为依据，原则上不允许未列进年度检修计划的检修项目随意列入月度计划。

重点关注设备运行情况。对于运行状态较差、不进行检修可能会发生停电事故的设备，在综合评估考虑后，应列入月度检修计划对设备进行停电检修，防止设备突然发生故障停电，影响电网的正常运行。

2）评估能力，保证裕度。年度计划以设备检修需求为核心，重点关注设备健康状况。而月计划在年度计划的基础上，还需关注检修部门的承载力，关注生产资料是否充足，并为不停电的计划工作留出裕度。

（3）周检修计划。周检修计划根据月检修计划制订，兼顾巡视、日常消缺、维护安排等工作。需协调停电的，应提前将向调控中心申请停电任务。

月度检修计划分解到周，形成周检修计划主体框架，35kV 及以下电压等级停电检修计划也列入周检修计划。低电压等级的单间隔（如电容器、电抗器等）停电工作，不经过调控中心的月度计划流程，而由计划专职在当周直接向调控中心提交下周的停役申请单，调控中心根据电网运行状况予以批准，写入周检修计划。

非停电计划的制订包括各类不停电消缺：即地电位、辅助回路上的消缺；各专项工作包括专业化巡视、各设备带电测试、反措执行等。

制订周检修计划时应遵循以下几个方面：

1）停电计划刚性执行。严格按照月度检修计划分解执行。月度检修计划是检修计划的核心，月度检修计划编制时已充分考虑了人员、设备、电网的承载力，已统筹协调了各部门单位之间的配合，不允许随意变更。同时，计划工作的刚性执行是检修工作顺利开展的根本保障，随意变更计划将产生蝴蝶效应，影响整个检修工作的顺利开展。

2）全计划管控人员承载力。除了检修工作，检修部门基层班组还承担着各项创新研究、比武竞赛、生产会议、应急保电等各项任务，均须按计划进行管控，因此应充分考虑班组的人员承载力。

2. 现场踏勘实施

（1）现场踏勘需满足以下几个方面：

1）踏勘人员应具备基本规定条件。

2）外来人员进行安全培训，才能到现场参与踏勘，工作负责人踏勘过程中应履行监护职责。

3）大型检修工程应由运检部组织踏勘工作。

4）中型检修项目由检修公司分部（中心）组织踏勘工作。

5）小型检修项目由工作负责人组织并参与现场踏勘工作。

6）现场踏勘过程中，严禁进行其他工作或者私自对设备状态进行改变，严禁未经许可移开或跨越遮拦，踏勘过程中注意和运行设备保持足够的安全距离。

（2）踏勘主要内容有以下方面：

1）核对检修设备台账、参数。

2）对于新安装或改建设备，需对现场设备参数、安装数据、设备型号规格等进行核对，确认现场设备与图纸一致。

3）检查设备状态评价结果、设备上次检修状况、现存缺陷和实时运行状态等。

4）根据检修方案，核对本次大修技改项目，反措隐患和精益化等需要开展条目是否一致。

5）确定停电范围、相邻带电设备。

6）熟悉检修作业流程，进行危险点分析和预控措施，并制定相应的安全保障措施。

7）统计大型作业工器具和特种车辆数量，确定现场实际停放或摆放位置。

（3）检修开始前应安排确定相关人员，包括管理人员和工作人员等，具体人员安排如下几个方面：

1）根据检修计划，检修管理部门应确定人员充分且数量合适的工作负责人、专责监护人和工作班成员以及项目负责人员。

2）特殊工种作业人员应具备相应资质。

3）对于外来人员，安规考试应合格并经公布，方可到现场参加检修工作。

4）检修工作开始前，所有作业人员必须明确检修计划、检修项目分工、检修日程、安全措施和工艺要求。

（4）检修前应做好以下准备工作：

1）检修前，检修管理单位应明确本次检修工机具、试验仪器仪表数量是否完备，必要时予以补充完善。

2）检修管理单位应按规定区域将本次提前检修工作所需工机具、试验仪器仪表进行规范摆放整齐。

3）检修机具应设专人看管，谁领用谁登记并按时归还。

（5）检修开始前应保证所需物资充足齐备。

1）检修计划下达后，检修单位应指定专人负责联系、跟踪物资到货情况，确保物资按计划运抵检修现场。

2）检修物资应指定专人保管，执行领用登记制度。

3）对于易燃易爆物品存放管理应符合相关规定要求。

4）危险化学物品管理应符合《危险化学品安全管理条例》等规定。

3．检修方案编写实施

检修方案主要包括以下方面。

（1）编制依据主要包含设备的状态评价、精益化评价、技改大修项目以及停电计划批复等内容。

（2）工作内容主要包括需要安排检修的设备数量和检修细类，如技改、大修、精益化、隐患治理等。

（3）检修任务对工作内容进行简述。

（4）组织措施应明确领导小组成员、现场指挥部组织机构，工作组负责人及安全监察人员，作业人员安排及分工。

（5）安全措施包括危险点分析和预控措施，具体到各作业面。

（6）技术措施分为整体和各作业面具体的技术保障措施。

（7）物资采购保障措施应包括检修物资和采购保障和控制措施。

（8）进度控制保障措施中工程整体进度应有进度图和关键点控制措施、特殊情况应对措施和检修进度表。

（9）检修验收工作时，应明确验收工作小组名单及人员分工。

（10）作业方案对分作业面应单独编制对应的检修作业方案。

4. 设备主人现场监管方案编写实施

（1）编制说明及编制依据主要根据现行国家电网有限公司和电力行业有关规定。

（2）组织结构应为保证现场各项工作有序开展，根据工作分工，责任层层落实，细化工作，确保执行力，确定分管负责人、技术负责人、安质负责人、设备主人管理组、设备主人工作组、设备主人协调人。对相关人员进行职责划分，其中分管负责人负责指挥、指导现场设备主人制度落地各项工作；技术负责人和安质负责人负责监督、指导现场设备主人制度现场工作开展；针对关键点见证卡开展前期培训工作，确保设备主人工作组成员熟练掌握关键点见证的标准和要求；设备主人管理组负责检修设备主人制度实施的管理工作；设备主人工作组负责实施现场设备主人检修全过程管控，与检修负责人建立沟通机制，有问题及时沟通交流；设备主人协调人为检修项目班组负责人及现场设备主人制度总实施人，编制设备主人现场监管方案，全过程参与变电站检修工作，指导协助设备主人组负责人开展现场监管工作。

（3）工程概况概述检修项目概况，工程安排检修设备台数，完成技改项目，大修项目。共计消缺，反措项目，隐患治理项目，精益化评价问题治理项目，以上项目情况均按设备数统计。

（4）项目全过程管控措施应根据变电设备主人落地相关要求，梳理项目全过程关键事件，编制具体管控内容，细化工作项目及工作要求并落实到具体责任人，保证逐项工作的有序、稳步开展，实现设备主人项目全过程管控。主要由前期准备关键事件管控，即前期准备阶段的工作重点是参与综合检修方案的讨论、制定；通过现场踏勘对可能出现的风险进行评估和预控；组织设备全面会诊和精确带电检测；综合检修设备主人方案编制定稿；组织全员集中学习培训，熟悉掌握设备主人工作方案，风险预控措施。检修期间关键事件管控，检修期间关键事件管控的工作重点在于运维安全风险管控；检修施工行为及危险点防范措施管控；反措、消缺、踏勘问题处理项目见证。复查总结关键事件管控，复查总结阶段工作重点在于将管控记录归档，并做好设备主人现场实施经验总结，完成检修设备主人制度闭环工作。管控记录归档管理指设备主人工作组在每日施工现场管控和关键点见证过程中，利用图片、视频等辅助手段记录施工管控情况和项目关键点见证情况，相关问题和事项分别记录在每日施工管控表和关键点见证卡中，做到痕迹化管理。在项目结束后，将图片、视频、记录资料等归档保存管理，通过建立设备主人管控资料库，完成项目闭环。设备主人工作经验总结，每日由设备主人工作组形成工作日报，将当天设备主人工作情况汇报设备主人管理组，提出设备主人工作中发现的问题及改进措施，完善现场设备主人工作方式和内容，提高设备主人工作执行效果。在工程结束后，班组组织设备主人工作总结会，总结检修工程设备主人工作情况，根据不足提出改进措施，提炼设备主人工作经验，形成书面总结报告，提交设备主人管理组审阅，为设备主人现场管控经验总结提供依据。

（5）检修过程管控分为运维工作管控和设备主人管控两个部分，运维工作管控主要为倒闸操作、工作许可、设备状态验收、工作终结等方面，由运行维护工作组负责；检修过程设备主人管控措施主要体现在施工行为及危险点防范措施监管、施工项目关键点见证两个方面，由设备主人工作组负责，具体分工如图5-1所示。

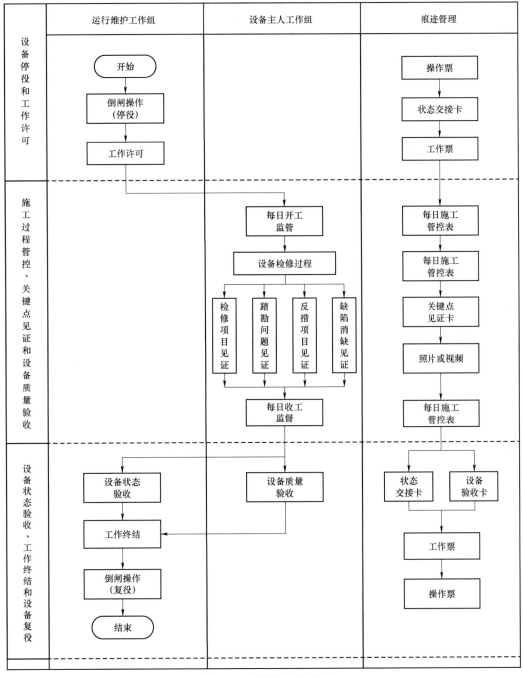

图 5-1 过程管控流程图

（6）设备检修项目验收分三个步骤：

1）关键点见证。设备主人工作组整理关键点见证卡，应无影响设备复役的遗留问题。

2）书面资料验收。检修人员先开展自验收工作，设备检修质量自验收合格后，将由工作负责人审核签字的作业自验收资料和有试验数据合格结论的设备试验报告提交给设备主人工作组,作为设备提交验收的前置条件,书面资料收集齐全拍照留档后进行现场验收。

3)现场验收。现场验收包括质量验收和状态验收,质量验收由设备主人工作组根据设备验收表完成,状态验收由运行维护工作组根据状态验收卡完成,具体验收流程如图5-2所示。

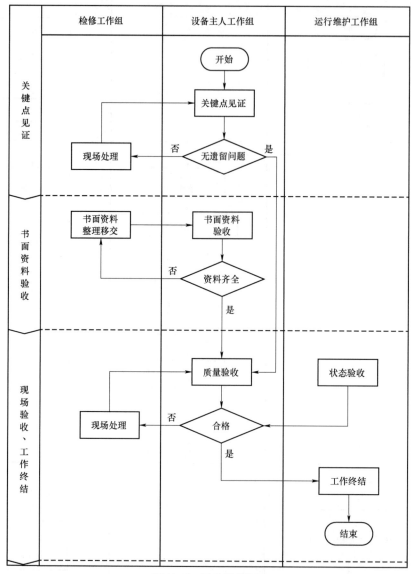

图5-2 验收流程图

(7)设备主人机制培训包括设备主人制度宣贯和关键点见证培训。设备主人制度是强化运维人员主动管控意识、拓宽专业业务边界、全面提升运检作业效率的重要机制。在检修工作开始前,对青年员工进行设备主人制度宣贯,促进青工观念转变,加深对设备主人制度的理解和把握,强化设备主人意识。关键点见证是设备主人机制的核心内容之一,是打破运维传统业务瓶颈、提升运维人员综合业务能力的重要抓手,是青工实训的良好平台,结合现场实际工作开展关键点见证培训,能够取得事半功倍的效果。

5. **工作票实施**

（1）工作票的填写与签发。

1）工作票应使用规定颜色笔填写与签发，工作票填写两份，笔迹清楚、内容格式正确，不允许随意涂改。如果有确要修改的地方，修改符号规范，字迹清楚。

2）工作票签发人签发的工作票票面格式应统一，自审无误后签名才能够执行工作票。一份工作票由工作负责人负责保管，另一份交由工作许可人进行保管，并移交接班人员。并将工作票的编号、工作任务和地点、工作票许可和结束时间登记在工作票记录簿中。

3）填写工作票时，应依次填写"工作班人员""工作内容和工作地点""安全措施"等栏目。并上传相应的一次接线图。具体工作任务要求和一次接线图以调度批复的停电申请单为准。

（2）工作票有效期与延期。检修工作票的有效时间，应与批准的检修日期一致。第一、二种工作票如需延期，应由工作负责人在检修工作结束前向运维负责人或者值班调控人员提出申请，工作票仅能够进行一次延期，带电作业工作票不允许延期。

（3）工作票的许可与执行。

1）工作许可人对现场安全措施布置完毕后，应该协同工作负责人对所布置的安全措施进行检查和确认，并指明现场带电设备和检修设备范围，双方各自在工作票签名并确认。

2）运维人员不得擅自更改检修设备运行和接线。工作负责人、工作许可人对于工作票内所列更安全措施不能随意更改，如确需临时变更时应事先征得对方同意后才能更改，结束后应及时恢复在值班日志内及时做好记录。

3）履行许可手续后，工作班成员应明确工作内容、自身分工和现场运行设备以及安全措施和危险点后，在工作票签字确认后方可开始工作，并接受工作负责人和专责监护人监护，防止出现任何不安全行为。

4）工作班人员不得擅自进入高压危险设备区域，如果工作需要且现场设备不会危及人身安全时，可以允许其中有熟练工作经验者进行工作，但应熟知现场所存在的危险点和注意事项。

5）工作负责人、专责监护人应履行监护职责，不得随意离开工作现场，当需要临时离开时，被监护人员应撤离现场停止工作直到专责监护人返回后才能继续开展工作。

（4）工作间断、转移和终结。

1）检修工作间断时，所有人员应撤离工作现场，每日收工前应对作业现场进行清理，并通知工作许可人对工作票收工，工作票可由工作负责人保管。第二天开工时，工作负责人通知工作许可人对工作票开工，并重新审核工作票所列安全措施与实际是否一致。工作间断后重新开展工作时，如果工作负责人或专责监护人不在现场，作业人员不得进入工作地点开展工作。

2）工作票需要在几个地点进行转移时，如果工作票所列安措符合同一电气连接部分要求时，应由运维人员在工作票开工之前一次性完成，不需要另行办理手续。同时，工作负责人应向工作班成员交代安全注意事项和设备停电带电部位。

3）工作票内全部任务结束时，作业人员应对现场整理完毕，确保无遗留并经工作负责人检查完毕，工作人员全部撤离后，由运维人员明确检修项目、存在问题和试验项目等，并会同工作负责人检查检修设备状态、遗留物情况后，由运维人员进行工作票终结，双方签名确认后拆除临时遮拦和标示牌，恢复常设遮拦，汇报调控人员，宣告工作票终结。工作票执行流程如图 5-3 所示。

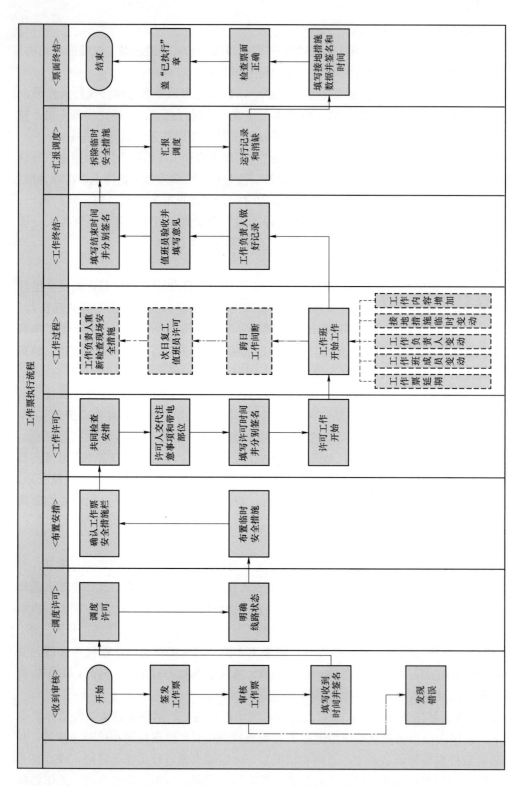

图 5-3 工作票执行流程

5.2.2　检修过程安全质量与进度监管业务实施

1. 检修过程安全监管实施

（1）工作许可时的安全监管。工作许可时应确保所做安全措施符合检修要求，重点关注一、二次设备状态，安全遮拦，标示牌，红布幔，连接片，空气开关，切换把手等。

1）确保一、二次设备状态符合检修要求，接地可靠，接地线挂设正确，保护压板投退正确、大电流端子状态正确等。

2）应设遮拦正确合理，工作设备均在遮拦内部，带电设备均在遮拦外面，出入通道设置合理，检修作业场地区域充足。

3）"在此工作"标示牌、"止步，高压危险"标示牌、"禁止合闸，有人工作"标示牌、"禁止合闸，线路有人工作"标示牌、"禁止分闸"标示牌、"从此上下"标示牌、"禁止攀登，高压危险"标示牌、"从此进出"标示牌的悬挂应符合规范要求。

4）二次设备相邻运行屏、同屏运行设备、运行端子排、屏后运行空气开关、运行压板、重合闸方式等运行把手应用红布幔遮住。

5）交直流空气开关和远方/就地操作把手、重合闸切换把手等应正确切换。

（2）工作实施时的安全监管。

1）人身安全。人身安全受到伤害主要有人身触电、高处坠落、物体打击、机械伤害、有毒有害物质伤害、火灾伤害等。

人身触电主要分为直接接触触电、间接接触触电和跨步电压触电。电流伤害可分为电击和电伤两类。为了防止人身触电，可进行以下防范措施：

① 开展工作前应仔细核对设备名称和状态，防止误入带电间隔。

② 工作前检查接地线、接地刀闸状态。

③ 靠近带电体作业时，应与带电部位保持足够的安全距离，防止触电。

④ 低压带电作业使用的工具有裸露部分时，应进行绝缘隔离，必要时佩戴手套和护目眼镜防止触电。

⑤ 设备拆搭接头时应有可靠的接地保护措施。

⑥ 开关柜检修、试验或验收过程中，由于其内部空间有限导致作业距离过短，应做好自身防护隔离措施。

坠落高度基准面 2.0m 及以上高处作业过程中应当采取以下防护措施：

① 登高前应检查登高工具。设施是否完整可靠。

② 脚手架根据实际情况搭设，采用高空作业车、升降平台等防止高处作业坠落。

③ 作业人员使用的安全带应遵循"高挂低用"的原则。

④ 安全带应该挂在可靠的构件上，防止挂在移动或者不牢固的物件上发生折断脱落风险。

⑤ 高处作业应使用工具袋，防止工具从高空坠落造成事故。

⑥ 低温或高温环境下作业时间不宜过长，并且应配备专门的防寒、防暑降温措施。

⑦ 梯子应该有防滑措施，作业人员在梯子上工作时，禁止移动梯子。

⑧ 作业人员以及携带的工器具、材料总重不能超出梯子所能承受的重量。

⑨ 梯阶之间的距离要适当，梯子顶部应该有限高标志。

⑩ 梯子与地面的夹角约为 60°左右。

⑪ 人字梯应该有限制开度的措施。

在作业现场，有位差的环境较多，如果在高位的物品处置不当，容易出现物体坠落伤害人身事故。防物体打击措施如下：

① 作业人员应按规定佩戴安全帽，上身应穿全棉长袖工作服，鞋子应为绝缘鞋。

② 高处作业工具应随手放在工具袋内，禁止投掷物体工具。

③ 人员应尽量不在高空作业区域、吊车和升高臂下方穿越、逗留。

④ 高处作业应使用工具袋，防止工具从高空坠落造成事故。

⑤ 抢大锤应双手握锤柄且不应戴手套防止脱落，且周围不准有人靠近，避免伤人。

⑥ 吊装物体时，应做好防坠落和防护措施，且下方不准有人靠近。

机械伤害常发生在机械工作中，由于人员操作不当或者设备本身原因可能造成作业人员受到机械伤害。防范措施主要有：

① 机械设备的转动部分和机械传动部位，应装有护盖、防护罩。

② 禁止在设备转动时，取下其防护罩及其他防护装置。

③ 作业人员的工作服应扣上钮扣，长头发要盘在头顶尽量束在安全帽内，以防在操作中触及转动部分，绞卷手指、头发和衣服。

④ 对机械进行清理等维护工作，必须停机断电，禁止在运行中清扫、擦拭和润滑机器的旋转和移动的部分以及把手伸入栅栏或防护罩内。

作业过程中可能遇到的有毒有害物质包括 SF_6 有毒气体分解物，检修试验清洁过程中产生的清洁剂、化学试剂、酒精、汽油、油漆、废气等。主要防范措施有以下几个方面：

① 作业人员需要进入 SF_6 室内时，应先进行 15min 的通风，使用 SF_6 气体检测装置测定气体含量。单人最好不进入 SF_6 室内进行设备巡视，不允许单人进入并开展检修作业。

② SF_6 设备解体检修前，应进行 SF_6 气体检测，根据气体含量采取必要措施比如安全防护服、防毒面具等，如需打开封闭的盖子时，所有人员应先远离设备 30min，清理内部粉尘或者取出吸附剂过程中应戴防毒面具和防护手套。

③ 对 SF_6 气体进行采样或者有渗漏情况进行处理前，作业人员应戴防毒面具并先通风一定时间。

④ 进入电缆井及其他井坑前，应先排除井坑内浊气。

⑤ 进行各种试验可能产生有毒气体时，一定要在通风良好的地方进行。

⑥ 凡接触有毒品的操作，必须按规定认真操作，小心可能触及伤口的部位。

⑦ 禁止在缺氧地方长时间停留，如工作需要，必须采取通风、对流等安全防范措施，且要求必须设专人监护。

变电站可能会引起易燃易爆品燃烧爆炸等导致人身设备伤害，防范措施如下：

① 在重点防火部位和存放易燃易爆物品的场所工作时，应严格执行动火工作的有关规定。

② 气瓶的存放要满足有关规定要求，气瓶运输应使用专用运输工具。

③ 气瓶使用汽车装载运输时应横向固定放置，防止气瓶因纵向放置脱落车厢。

④ 乙炔和氧气瓶严禁同时一起运输，易燃易爆物品和可燃性气体避免同时运输。

⑤ 当氧气瓶表计压力低于 0.2MPa 时应停止使用并更换。

⑥ 氧气瓶和乙炔气瓶之间应大于 5m，存放位置应尽量远离热源，距离明火范围应大于 10m。

2）设备安全。检修作业过程中可能因检修操作或试验不当造成设备变形、损坏、绝缘破坏，起重机、吊机等机械施工设备受力结构变形损坏，机体倾覆，有毒有害气体泄漏，严重的甚至引发设备爆炸起火等。为防止设备损坏事件发生，应采取以下防范措施：

① 检修作业必须严格按照作业流程和安装技术规程的要求对设备进行安装、调试。

② 特种设备必须经过有关部门的培训，经考核合格后持证上岗。

③ 大型精密设备要严格按照设备操作流程执行。

④ 设备试验前应对接线，试验方法检查清楚，确保无误，试验所加电流电压应按要求增加，防止突然过高过低。

3）电网安全。检修作业过程中因作业不当导致一次或二次设备运行异常，从而造成设备动作跳闸，切除电网中的负荷，导致电网质量降低，电网稳定性遭到破坏，严重的甚至导致电网解列，为防止出现危及电网安全事件发生，应采取以下措施：

① 检修过程中注意保持与带电设备安全距离，即 500kV：5m；330kV：4m；220kV：3m；110kV：1.5m；35kV/20kV：1m。

② 注意核对检修间隔，防止误入带电间隔。

③ 检修和试验过程中防止出现短路或接地引起保护动作跳闸切除线路、主变或母线设备。

④ 保护试验前应检查试验设备和接线，确保不发生误整定误碰引起跳闸事件。

（3）工作间断、转移、终结时的安全监管。

1）工作间断。因现场天气原因、时间因素、人员工作休息等需要暂停检修工作，工作间断过程中的安全监管实施有以下几个方面：

① 工作班成员必须在工作负责人和专责监护人的带领下进入作业现场，开展工作。

② 工作间断时，应检查设备上是否有遗留杂物，对工作地点是否清理干净，查现场高压试验设备等仪器设备试验接线是否拆除，检修用电源应断开。

③ 次日复工前，工作负责人应重新认真检查现场安全措施是否发生变化，与工作票所列安全措施是否一致。

④ 次日复工时，工作负责人应召开站班会活动，向工作班成员再次交代安全措施和注意事项，对本日工作工作内容和工作分工做恰当安排。

2）工作转移。同一电气连接部分采用同一张工作票时，在几个工作地点转移工作时，安全监管实施需要注意以下几点：

① 工作地点转移时应核对转移地点间隔和设备名称，防止走错间隔。

② 工作转移时应核对新间隔的安全措施完好并满足检修要求。

③ 转移工作地点时工作负责人应向工作班成员进行安全交底，交代现场安全措施和注意事项。

④ 工作班成员应对转移地点情况熟悉，然后开展工作。

3）工作终结。工作票内容完成，工作票进行终结时，其安全监管实施有：

① 工作结束时，应清扫现场，遗留物整理干净。

② 工作结束时，安全措施应恢复至与工作许可时的状态一致。

③ 保护试验、定值应恢复，压板状态与工作许可时的状态一致。

④ 工作负责人应交代检修内容和遗留的问题。

2. 检修过程质量监管实施

检修过程质量监管实施过程应严格按照规范执行，变电站主要设备类型包括油浸式变压器（电抗器）、断路器、组合电器、隔离开关、开关柜、电流互感器、电压互感器、避雷器、并联电容器、干式电抗器、站用变、站用交流电源系统、站用直流电源系统等，针对不同设备其检修过程质量监管实施过程如下。

（1）油浸式变压器（电抗器）。

1）变压器经过拆装的部位，应该更换密封件。

2）检修过程中应防止异物掉入油箱。

3）外表面应清洁无污秽，无异常放电、破裂等，油位在正常位置，注油孔封闭完好。

4）拆下的套管应垂直放置于专用的作业架上固定牢固，并对下节采取临时包封，防止受潮。在检修现场可短时间倾斜放置，对套管头部位置进行垫高处理，套管起吊后，应做好防止异物落入主变内部的措施。

5）线头裸露部分应用专用绝缘工具包扎完善。

6）变压器各侧套管的引线接头检修时应做回路电阻试验。

7）变压器低压侧应采用热缩绝缘材料进行绝缘化改造。

8）更换硅胶应保留 1/6～1/5 高度的空隙，油杯注入干净变压器油，加油至正常油位线，油面应高于呼吸管口。更换吸湿器应检查吸湿器呼吸是否畅通。

9）户外布置变压器的气体继电器、油流速动继电器、温度计、油位表应加装防雨罩，二次电缆应打滴水孔，防止电缆因雨水倒灌至变压器内部。

10）主变套管末屏应可靠接地，防止出现放电现象。

11）朝上 30°～90° 的 Φ400 及以上压接型线夹安装时应有排水孔。

12）压力释放阀下部应用防护罩罩住，防止小动物钻入。

13）接线盒电缆引出孔应封堵严密，出口电缆应设防水弯，电缆外护套最低点应设排水孔。

14）应核对现场油位油温曲线一致，按照油温油位曲线标准调整油量，防止出现油位过高过低现象。

15）强迫循环冷却器调试时，整组冷却器调试检查转动方向正确，运转平稳，无异声。

16）引线绝缘应完好，无变形、无起皱、无变脆、无破损、无断股、无变色，接头表面应平整、光滑，无毛刺、过热性变色。

（2）断路器。

1）应进行分、合闸位置保压试验，合闸位置防失压慢分试验，重合闸闭锁试验，非全相和防跳试验，机械特性测试，对断路器防跳时间继电器进行测试。

2）进行回路电阻测试，满足测试要求。

3）密封面的连接螺栓应涂防水胶。

4）SF$_6$气体检测在允许范围内，充气管道和接头应干燥无杂物，充气过程应避免杂物混进。

5）外绝缘完整无污物，瓷套和法兰周围的防水胶层应完善，法兰排水孔通畅无阻塞。

6）户外密度继电器加装防雨罩，防雨罩应能满足 45°雨水不能直淋，密度继电器和接线端子应采取措施不受雨水浸染。

7）液压机构应具备泄压后重新打压时不发生慢分的功能，并正常投入（销子结构的应正常插入）。

8）检修时应校检压力表及 SF$_6$密度继电器。

9）对于有 *RC* 加速回路设计的机构，应对 *RC* 加速回路进行改造。

（3）组合电器。

1）220kV 组合电器三相分相应采取每相单独安装相应的气体密度继电器。

2）密度继电器与断路器之间应有可手动开启、关闭的逆止阀，满足不拆除校验功能。

3）采用带非金属法兰的盆式绝缘子，壳体上应有专用跨接连接，禁止通过法兰螺栓直连。采用带金属法兰的盆式绝缘子浇注口盖板应采用非金属材质。

4）组合电器母线伸缩节一侧内部螺栓松开，组合电器间隔内伸缩节两侧螺栓均应紧固。

5）户外 SF$_6$密度继电器应设置防雨罩，能满足 45°雨水不能直淋，能保护密度继电器及控制电缆接线端子，防止进水受潮。

6）SF$_6$气体检测在允许范围内，充气管道和接头应干燥无杂物，充气过程应避免杂物混进。

7）在充气过程中核对并记录气体密度继电器及指针式密度表的动作值，应符合相关技术规定。

8）充气完毕后静置 24h 后应进行 SF$_6$湿度检测、纯度检测，必要时进行 SF$_6$气体分解产物检测。

（4）隔离开关。

1）应进行主回路电阻测试、接地回路电阻测试和二次元件及控制回路的绝缘电阻及电阻测试，并满足相关技术规定。

2）隔离开关、接地开关机械闭锁应完善可靠闭锁，机械强度满足机构动作要求。

3）隔离开关、接地开关触点接触良好、无破损，分合闸到位，过死点。

4）传动部件和连接部件应完好，无卡涩现象。

5）机构与本体指示隔离开关的分、合闸位置应一致。

6）机构箱内部部件完善齐全，无变形，接线无误且无松动情况。

7）操动机构箱密封条和密封圈完善无缺损破裂，能够有效封闭箱门。

8）绝缘子防污闪涂层完善，防水性能良好，无起皮破损情况。

9）底座完好，与大地可靠连接，焊接牢固且无锈蚀情况。

10）辅助开关切换应可靠、准确。

（5）开关柜。

1）应对开关柜整体回路电阻进行测试，三相应平衡，进行断路器机械特性试验、耐压试验、防跳试验，满足相关规定。

2）电动或手动操作进行分、合闸位置指示正确，开关能够正常储能。

3）避雷器应与一次接线图保持一致，直接连在母线上的避雷器，应改造通过手车开关或隔离开关与母线相连，避免直接接在母线上。

4）机构内部二次接线连接正确，信号回路正常，辅助接点切换正确。

5）高压电力电缆不得出现相交叉接触的情况，接线铜排和铝排不得直接接触。

6）开关柜内外设备应可靠隔离，密封完好，边缘采用防火和防水涂料进行严密封堵，防止失火或进水。

7）电气联锁、机械闭锁应可靠动作且配合正确。

8）手车检修完毕推拉试验应灵活无卡涩情形，进出轻便，安全隔离挡板在小车推进和拉出应可靠打开或封闭，有效隔离带电部位。

9）接地开关可靠分合闸，无卡顿，转动部位灵活。

10）电压互感器接线应正确，电流互感器二次侧禁止出现开路，电压互感器二次侧禁止出现短路。

（6）电流互感器。

1）电流互感器二次侧不允许开路，二次侧应该可靠接地。

2）电流互感器油位观察窗上应有最大、最小值刻度线，注油油位在最高刻度及最低刻度之间，同间隔三相油位保持一致。

3）继电保护和安全自动装置位置正确，检修设备与运行设备二次回路有效隔离。

4）接地点连接牢固可靠。

（7）电压互感器。

1）电压互感器二次侧不允许短路。

2）电磁式电压互感器位观察窗上应有最大、最小值刻度线。

3）三相电压互感器每相油位应在最高和最低油位线之间，且三相油位应保持一致。

4）二次引线及接线板各端子接线正确、接触良好，二次引线及接线板密封良好，无渗漏。

5）结构为电磁式电压互感器，互感器的末屏必须可靠接地；电容式电压互感器"N"端应可靠接地。

（8）避雷器。

1）避雷器泄压喷嘴不应朝向巡视通道，应朝向安全地点，排出的气体不致引起相间短路或对地闪络，并不得喷及其他设备。

2）避雷器的均压环应设置排水孔。

3）避雷器泄漏电流表读数正常，三相读数误差不超过 30%，不报警。

4）避雷器泄漏电流表小套管与引下线应采用软连接方式，小套管螺栓压接紧固。

5）110（66）kV 及以上电压等级避雷器应安装交流泄漏电流在线监测表计。

6）放电计数器更换后，放电动作计数器应恢复至零位。

7）避雷器屏蔽环有断裂隐患的应及时处理。

8）避雷器支持底座为小瓷套的应进行整改，更换为大瓷套。

（9）并联电容器。

1）电容器一次引线接头应进行回路电阻测试。

2）金属围栏必须留有可见间隙，防止产生感应电流，围栏应接地，螺栓压接紧固，弹簧垫压平。

3）电容器的外壳和构架应可靠接地。

4）对放电线圈进行更换工作前，应将二次接线先做好标记，结束后及时恢复。

5）电容器组引线与端子间连接使用专用压线夹，线夹安装紧固、无脱落，电容器之间的连接线应采用软连接。

6）电容器首末端和放电线圈首末端应当正确相连。

7）户外用高压并联电容器运行 5 年以上，其结构为外熔断器的应进行反措更改。

（10）干式电抗器。

1）电抗器一次引线接头应进行回路电阻测试。

2）电抗器金属构架和底座等部位应有防锈蚀措施。

3）电抗器三相安装时，其支柱绝缘子应可靠接地，且每相接地彼此间不能构成闭合回路。

（11）站用变压器。

1）温度计指示正确，防雨罩完好。

2）油浸式站用变吸湿器有变色应及时更换。

3）线夹压接无松动、无变形、无开裂，引线无断股。

4）干式变压器绕组配置有温度监视，具备高温告警功能；干式三相温差不能超过 10K。

5）套管本体及与箱体连接密封应良好，无渗油，油位指示清晰，油位正常。

（12）站用交流电源系统。

1）电压等级为 220kV 及以上变电站，其站用电的接线方式应为单母单分段。

2）单台主变的变电站（不包含备用变压器）应外接一路站用电源，外接的站用电源不能由本站配出（不包括拉手线路）。

3）电缆防火槽盒的防火涂料应整根涂刷，即从站用变（接地变）低压侧引出后在电缆沟或夹层与其他电缆共沟敷设的部分全部涂刷。

4）主变压器冷却器、低压直流系统充电机、消防水泵的电源取自不同的交流母线段。

5）所用电动力电缆不得出现与其他电缆同沟敷设的情况。

（13）站用直流电源系统。

1）应进行蓄电池绝缘电阻测试、核对性充放电、容量检验、单体电压测试，满足相关规定。

2）蓄电池检修不能造成直流短路、接地、误动、误碰运行设备。

3）蓄电池充放电电流和每节蓄电池端电压应在规定范围内。

4）当直流系统出现交流窜入时，直流绝缘监测装置应发出报警信号并自动记录。

5）蓄电池防护罩应能将整个接线端子裸露部分罩住，并有明显的正负极标识。

6）直流回路中使用直流专用空气断路器，严禁使用交流空气断路器和交直流两用空气断路器。

7）室内采用防爆电源插座、空调、照明、排风机。

3. 检修过程进度监管实施

检修施工应严格按照施工进度计划进行（如表5-6所示），不同阶段针对每阶段分别召开进度分析会，对已完成、执行中和待完成的施工进度进行分析，与施工进度计划进行比较。若进度落后于计划，应排查施工缓慢的原因并对后续施工进行调整；若进度比计划有提前的，应分析是否存在工作遗漏，并对施工质量进行检查，是否存在赶工现象。对于施工过程中出现的突发性影响工期进度的应尽快解决，避免影响到施工进度计划的执行。

表5-6　　　　　　　　　　　　　检修作业面检修进度一览表

序号	间隔	项目内容	6.4	6.5	6.6	6.7	6.8	6.9	6.10	6.11	6.12	6.13
1	1号主变压器	1号主变压器及间隔设备C检；三侧断路器防跳功能检查；1号主变压器保护及测控C级检修										
2	220kV母联	220kV母联断路器间隔C检；220kV母联保护及测控C级检修										
3	甲乙2U09线	甲乙2U09线间隔设备维护；甲乙2U09线保护及测控C级检修										
4	2号主变压器	2号主变压器及间隔C检；三侧断路器防跳功能检查；2号主变压器保护及测控C级检修										
5	丙丁2U10线	丙丁2U10线间隔设备维护；开关机构大修及断路器防跳功能检查；丙丁2U10线保护及测控C级检										

设备主人根据对每日检修工作进度，对每日工作完成情况、每日具体工作情况、当天已处理问题、新增问题解决、遗留问题和第二天工作计划等情况进行汇报。每日工作汇报模板如下所叙。

××变综合检修日报

（××××年××月××日第××天天气：晴，温度：××℃）

（检修日报应由检修专业及设备主人提供相应材料，由生产指挥中心汇总，检查日报内容及格式，统一提交 Word 版本）

（综合检修概况）××变综合检修工作计划于××月××日至××月××日进行，共历时××天。本次检修工作涉及××、××、××间隔。计划共安排检修设备××台，完成技改项目××项，完成大修项目××项，执行反措项目××项，完成消缺项目××项，完成隐患治理项目××项，精益化评价整改××项。

一、今日工作情况

1. 检修工作情况（检修专业填写）

××变综合检修工作进入第××天，今日工作票××张。

调度许可工作时间：（综合检修开展第 1 天）

工作票许可时间：（综合检修开展第 1 天）

今日开工时间：××：××

今日收工时间：××：××

今日总体检修情况良好，完成常规检修项目共计××项，包括技改项目××项，完成大修项目××项，执行反措项目××项，完成消缺项目××项，完成隐患治理项目××项。当前工作票内容已完成约××%，本次综合检修工作总体已完成约××%。

具体工作如下：

（1）（已完成）××××工作。

（2）（持续开展）

填写说明：主要工作内容填写当天开展的具体工作任务，包含技改、大修、反措、消缺等工作。

工作进度填写："完成""持续开展"。

2. 设备主人工作情况（设备主人填写）

填写说明：（1）描述设备主人在检修现场开展监管工作及见证的具体内容（进度、质量、安全等），主要为当日检修中涉及的反措、隐患治理、消缺、精益化评价整改项目跟踪情况，且结合运维经验认为需重点监管的问题，具体形式以现场见证隐蔽工程及问题处理结果的验收为主。

（2）协调的事件、发现的问题。

（3）必要时可附图。

3. 前一天遗留问题处理进程（检修填写）

主要描述前一天新增问题的处理进度及发展情况。

4. 其他（检修、设备主人）

其他问题说明，如有必要可附图。

二、新增的问题及解决措施（见表 5-7）

表 5-7　　　　　　　　　　　新　增　的　问　题

序号	问题描述	解决措施	发现人	发现时间	现场附图
1					
2					
3					
4					

填写说明：1. 主要填写检修过程中当天新发现及需协调的问题（包括新增缺陷、备品备件问题、异常等）。

2. 解决措施要明确处理方法、所需物资、配合厂家，预计完成时间等。

3. 发现人一栏应备注是检修人员或设备主人。

4. 必要时可附图。

三、明日工作安排（见表5-8）

表5-8 　　　　　　　　　　　明 日 工 作 安 排

明日天气：

温度：

序号	主要工作计划	工作负责人	监管内容及建议	监管设备主人
1				
2				
3				
4				

填写说明：填写第二天主要工作内容及设备主人监管内容。

四、检修问题汇总（每日动态更新，已闭环的问题不删除）（见表5-9）

表5-9 　　　　　　　　　　　检 修 问 题 汇 总

序号	问题描述	解决措施	发现人	发现时间	现场附图
1					
2					
3					
4					

填写说明：1.主要填写检修过程中新发现及需协调的问题（包括新增缺陷、备品备件问题、异常等）。

2. 解决措施要明确处理方法、所需物资、配合厂家、预计完成时间等，如未及时进行处理，需每日更新跟踪情况。

3. 发现人一栏应备注是检修人员或设备主人。

4. 必要时可附图。

5.2.3 检修验收业务实施

1. 验收前准备

检修工作完成后，应由检修负责人提前向运维部门提出设备验收申请。检修验收应开展三级验收，由班组首先开展自验收，由工作负责人针对本次检修项目开展全面验收和核查。第二级由检修现场总指挥和项目负责专业工程师对重点项目开展全面验收。第三级由领导小组成员针对关键项目进行抽查验收。

检修工作完成后，应提前准备好验收资料，包括验收单、验收卡等，表5-10～表5-13所示为部分设备验收卡，验收过程应严格按照验收卡项目验收。

表5-10 　　　　　　　　　　　主 变 设 备 验 收 卡

序号	验收项目	验收标准	验收方式	验收结论（是否合格）	验收人签字
一、本体外观验收					
1	外观检查	表面干净无脱漆锈蚀，无变形，无渗漏，标志正确、完整	现场检查	□是　　□否	
2	油位	本体、有载开关及套管油位无异常	现场检查	□是　　□否	

序号	验收项目	验收标准	验收方式	验收结论（是否合格）	验收人签字
3	压力释放阀	无压力释放信号，无异常	现场检查	□是　　□否	
4	气体继电器	无轻重瓦斯信号，气体继电器内无集气现象	现场检查	□是　　□否	
5	温度计	现场温度指示和监控系统显示温度应保持一致，最大误差不超过 5K	现场检查	□是　　□否	
6	相序	相序标志清晰正确	现场检查	□是　　□否	
二、套管验收					
7	外观检查	（1）瓷套表面无裂纹，清洁，无损伤，无渗漏油； （2）油位计就地指示应清晰，便于观察，油位正常，油套管垂直安装油位在 1/2 以上（非满油位），倾斜 15°安装应高于 2/3 至满油位； （3）相色标志正确、醒目	现场检查	□是　　□否	
8	引出线安装	引线接触良好、连接可靠，引线无散股、扭曲、断股现象	现场检查	□是　　□否	
三、分接开关验收					
9	有载分接开关	（1）本体指示、操动机构指示以及远方指示应一致； （2）有载开关储油柜油位正常，并略低于变压器本体储油柜油位； （3）有载开关防爆膜处应有明显防踩踏的提示标志	现场检查	□是　　□否	
四、在线净油装置验收					
10	外观	装置完好，部件齐全，各联管清洁、无渗漏、污垢和锈蚀	现场检查	□是　　□否	
五、储油柜验收					
11	外观检查	外观完好，部件齐全，各联管清洁、无渗漏、污垢和锈蚀	现场检查	□是　　□否	
12	油位计	油位表的信号触点位置正确、动作准确，绝缘良好	自验收	□是　　□否	
六、吸湿器验收					
13	外观	密封良好，无裂纹，吸湿剂干燥、自上而下无变色，在顶盖下应留出 1/6～1/5 高度的空隙，在 2/3 位置处应有标示	现场检查	□是　　□否	
14	油封油位	油量适中，在最低刻度与最高刻度之间	现场检查	□是　　□否	
15	连通管	清洁、无锈蚀	现场检查	□是　　□否	
七、气体继电器验收					
16	继电器安装	继电器上的箭头标志应指向储油柜，无渗漏，无气体，芯体绑扎线应拆除，油位观察窗挡板应打开	现场检查	□是　　□否	
八、温度计验收					
17	密封	密封良好、无凝露，温度计应具备良好的防雨措施，本体及二次电缆进线 50mm 应被遮蔽，45°向下雨水不能直淋	现场检查	□是　　□否	

序号	验收项目	验收标准	验收方式	验收结论（是否合格）	验收人签字
18	温度计座	温度计座注入适量变压器油，密封良好	现场检查	□是　　□否	
19	金属软管	不宜过长，固定良好，无破损变形、死弯，弯曲半径不小于50mm	现场检查	□是　　□否	
九、冷却装置验收					
20	外观	无变形、渗漏；外接管路清洁、无锈蚀	现场检查	□是　　□否	
十、消缺验收					
21			现场检查	□是　　□否	
十一、其他验收					
22	爬梯	梯子有一个可以锁住踏板的防护机构	现场检查	□是　　□否	
23	消防设施	齐全、完好	现场检查	□是　　□否	
24	现场清理	现场已清理，无遗留物	现场检查	□是　　□否	

表 5-11　　　　　　　　　　　开 关 设 备 验 收 卡

序号	验收项目	验收标准	验收方式	验收结论（是否合格）	验收人签字
一、本体外观验收					
1	外观检查	（1）一次接线端子无松动、无开裂、无变形，表面镀层无破损； （2）金属法兰与瓷件胶装部位黏合牢固，防水胶完好； （3）均压环无变形，安装方向正确，排水孔无堵塞； （4）断路器外观清洁无污损，油漆完整； （5）设备基础无沉降、开裂、损坏	现场检查	□是　　□否	
2	相色	相色标志清晰正确	现场检查	□是　　□否	
3	机构箱	（1）机构箱开合顺畅，密封胶条安装到位，应有效防止尘、雨、雪、小虫和动物的侵入； （2）机构箱内无异物，无遗留工具和备件； （3）机构箱内备用电缆芯应加有保护帽，二次线芯号头、电缆走向标示牌无缺失现象； （4）机构箱内若配有通风设备，则应功能正常，若有通气孔，应确保形成对流	现场检查	□是　　□否	
4	封堵	所有电缆管（洞）口应封堵良好	现场检查	□是　　□否	
二、极柱及瓷套管、复合套管验收					
5	外观检查	（1）瓷套管、复合套管表面清洁，无裂纹、无损伤； （2）增爬伞裙完好，无塌陷变形，黏结界面牢固； （3）防污闪料涂层完好，不应存在剥离、破损	现场检查	□是　　□否	

续表

序号	验收项目	验收标准	验收方式	验收结论（是否合格）		验收人签字
三、操动机构验收						
6	断路器操作及位置指示	断路器及其操动机构操作正常，无卡涩，储能标志，分、合闸标志及动作指示正确，便于观察	现场检查	□是	□否	
7	就地/远方切换	断路器远方、就地操作功能切换正常	现场检查	□是	□否	
8	防跳回路	就地、远方操作时，防跳回路均能可靠工作，在模拟手合于故障条件下断路器不会发生跳跃现象	现场检查	□是	□否	
9	非全相装置	三相非联动断路器缺相运行时，所配置非全相装置能可靠动作，时间继电器经校验合格且动作时间满足整定值要求；带有试验按钮的非全相保护继电器应有警示标志	现场检查	□是	□否	
四、接地验收						
10	机构箱	机构箱接地良好，有专用的色标，螺栓压接紧固；箱门与箱体之间的接地连接铜线截面积不小于 4mm^2	现场检查	□是	□否	
11	控制电缆	（1）由断路器本体机构箱至就地端子箱之间的二次电缆的屏蔽层应在就地端子箱处可靠连接至等电位接地网的铜排上，在本体机构箱内不接地； （2）二次电缆绝缘层无变色、老化、损坏	现场检查	□是	□否	
五、其他						
12	加热、驱潮装置	（1）断路器机构箱、汇控柜中应有完善的加热、驱潮装置，并根据温、湿度自动控制，必要时也能进行手动投切，其设定值满足安装地点环境要求； （2）机构箱、汇控柜内所有的加热元件应是非暴露型的；加热驱潮装置及控制元件的绝缘应良好，加热器与各元件、电缆及电线的距离应大于 50mm； （3）加热驱潮装置电源与电机电源要分开	现场检查	□是	□否	
13	照明装置	断路器机构箱、汇控柜应装设照明装置，且工作正常	现场检查	□是	□否	
14	一次引线	（1）引线无散股、扭曲、断股现象；引线对地和相间符合电气安全距离要求，引线松紧适当，无明显过松过紧现象； （2）铝设备线夹，应设置滴水孔； （3）设备线夹连接宜采用热镀锌螺栓； （4）设备线夹与压线板是不同材质时，应采用面间过渡安装方式而不应使用铜铝对接过渡线夹	现场检查	□是	□否	
15	现场清理	现场已清理，无遗留物	现场检查	□是	□否	

> 表 5-12 隔离开关设备验收卡

序号	验收项目	验收标准	验收方式	验收结论（是否合格）	验收人签字
1	外观	（1）闸刀引流线检查，弛度合格，无腐蚀、断股及起泡现象； （2）绝缘支柱外表无污垢，无破损； （3）接线座部分检查，接线端转动灵活，镀层无剥落，内部接触良好，各部件完好	现场检查	□是　□否	
2	触点、触指	触指无毛刺，镀层良好，弹簧触指灵活无卡涩，弹力满足要求	现场检查	□是　□否	
3	操动传动机构	（1）水平连杆及垂直连杆检查。连杆无弯曲变形，端部转轴转动灵活，无卡涩现象，传动可靠； （2）传动系统应转动灵活，防误挡板不开裂、变形； （3）操动机构电机、控制器检查，动作灵活，接触可靠； （4）检查齿轮、蜗轮、蜗杆、限位块、挡钉等部件，各部件应无损坏现象并在所有摩擦表面均涂上润滑脂	现场检查	□是　□否	
4	机构箱	防凝露器检查正常，密封良好，无渗漏水痕迹	现场检查	□是　□否	
5	操作试验	用手柄操动机构，检查各转动部分、辅助开关及限位开关，转动部分应灵活无卡涩现象。用手动操作分闸和合闸，当限位开关刚刚切换时，限位块与挡钉之间间隙适当。辅助开关、限位开关动作正确、接触良好，接线可靠	现场检查	□是　□否	
6	外部连接	（1）引线不得存在断股、散股，长短合适，无过紧现象或风偏的隐患； （2）一次接线线夹无开裂痕迹，不得使用铜铝过渡线夹，压接线夹压接孔向上的应打排水孔； （3）各接触表面无锈蚀现象； （4）连接件应采用热镀锌材料； （5）所有的螺栓连接必须加垫弹簧垫圈，并目测确保其收缩到位	现场检查	□是　□否	
7	隔离开关更换后验收	（1）电动、手动操作情况正常； （2）机械闭锁情况正常； （3）电气闭锁情况正常； （4）后台信号位正确； （5）母差保护、线路保护、主变压器保护、测控装置隔离开关位置切换正确； （6）相关标示已正确挂设； （7）加热器已按要求投入； （8）防火封堵良好； （9）资料已按规定移交	现场检查	□是　□否	
8	现场清理	现场已清理，无遗留物	现场检查	□是　□否	

表 5-13   开 关 设 备 验 收 卡

序号	验收项目	验收标准	验收方式	验收结论（是否合格）	验收人签字
一、本体外观验收					
1	外观检查	（1）一次接线端子无松动、无开裂、无变形，表面镀层无破损； （2）盆式绝缘子颜色标识规范化整改； （3）筒体无变形，安装方向正确，排水孔无堵塞； （4）组合电器设备外观完好无损、无锈蚀，各元件的紧固螺栓应齐全、无松动、密封良好； （5）设备基础无沉降、开裂、损坏	现场检查	□是 □否	
2	相色	相色标志清晰正确	现场检查	□是 □否	
3	封堵	所有电缆管（洞）口应封堵良好	现场检查	□是 □否	
4	密度继电器检查	（1）密度继电器校验； （2）各气室压力值检查	现场检查	□是 □否	
5	机构箱	（1）机构箱开合顺畅，密封胶条安装到位，应有效防止尘、雨、雪、小虫和动物的侵入； （2）机构箱内无异物，无遗留工具和备件； （3）机构箱内备用电缆芯应加有保护帽，二次线芯号头、电缆走向标示牌无缺失现象； （4）机构箱内若配有通风设备，则应功能正常，若有通气孔，应确保形成对流	现场检查	□是 □否	
二、套管验收					
6	外观检查	（1）瓷套管、复合套管表面清洁，无裂纹、无损伤； （2）增爬伞裙完好，无塌陷变形，黏结界面牢固； （3）防污闪涂料涂层完好，不应存在剥离、破损	现场检查	□是 □否	
三、操动机构验收					
7	断路器操作及位置指示	断路器及其操动机构操作正常,无卡涩,储能标志,分、合闸标志及动作指示正确,便于观察	现场检查	□是 □否	
8	就地/远方切换	断路器远方、就地操作功能切换正常	现场检查	□是 □否	
9	防跳回路	就地、远方操作时，防跳回路均能可靠工作，在模拟手合于故障条件下断路器不会发生跳跃现象	现场检查	□是 □否	
10	非全相装置	三相非联动断路器缺相运行时，所配置非全相装置能可靠动作，时间继电器经校验合格且动作时间满足整定值要求；带有试验按钮的非全相保护继电器应有警示标志	现场检查	□是 □否	

序号	验收项目	验收标准	验收方式	验收结论（是否合格）	验收人签字
四、接地验收					
11	机构箱	机构箱接地良好，有专用的色标，螺栓压接紧固；箱门与箱体之间的接地连接铜线截面积不小于 4mm²	现场检查	□是　　□否	
12	控制电缆	（1）由断路器本体机构箱至就地端子箱之间的二次电缆的屏蔽层应在就地端子箱处可靠连接至等电位接地网的铜排上，在本体机构箱内不接地； （2）二次电缆绝缘层无变色、老化、损坏	现场检查	□是　　□否	
五、消缺验收					
13	缺陷		现场检查	□是　　□否	
六、其他					
14	现场清理	现场已清理，无遗留物	现场检查	□是　　□否	

2. 验收过程

现场验收时工作许可人应协同工作负责人一同到现场检查所修设备情况，按设备状态交接验收单（卡）（如图 5-4 所示）的内容逐一核对设备状态，对照检修工作验收卡进行核对并打勾签名确认，附在工作票后留存。

××供电公司××部门

××变电站检修（试验）后设备状态交接验收单（卡）

工作票编号：××

主要检修工作内容：杭城2200断路器检修

序号	应核对的设备名称、状态	确认状态（√）	
		许可	验收
1	杭城2200断路器确在断开位置	√	√
2	杭城2200正母隔离开关确在断开位置	√	√
3	杭城2200副母隔离开关确在断开位置	√	√
4	杭城2200断路器母线侧接地闸刀确在合上位置	√	√
5	杭城2200断路器线路侧挂有#05接地线一副	√	√
6	杭城2200断路器操作电源小开关在断开位置	√	√
7	杭城2200母差跳闸出口压板1LP在取下位置	√	√
8	杭城2200母差电流端子2SD在短接状态	√	√
9	杭城2200断路器检修现场无遗留物件	—	√
10	杭城2200断路器间隔监控后台状态显示与设备实际状态一致	—	√
11	工作现场无遗留物件	—	√

备　　注	工作负责人（签名）	张三	张三
二次回路无工作。	工作许可（验收）人（签名）	赵四	王五
	交接时间（月、日、时、分）	12/01 9：05	12/02 16：12

拟写人：赵×　　　　　　　　　　审核人：钱×

图5-4　设备状态交接验收卡

应检查验收管理规定中规定的相关项目文件，如订货合同、技术协议、安装使用说明书、图纸、维护手册等技术文件、重要材料和附件的工厂检验报告和出厂试验报告、安装检查及安装过程记录、安装过程设备缺陷通知单、设备缺陷处理情况和设备试验报告等是否完备，内容是否符合要求，试验数据是否合格，且相关资料应进行移交签字。

检修班组应告知验收人员验收范围，待验收设备检修情况，现场验收工作的危险点，并履行相关手续。工作负责人需对现场布置的安全措施、危险点预控措施等进行确认，确保现场验收工作安全实施（重点关注验收设备相邻带电设备，防止误入带电间隔）。

验收工作应逐项执行，验收中发现的问题应详细记录。验收人员需熟悉验收设备相关安装、检修、反措要求，持卡验收，防止验收漏项，及时发现存在的问题，实现工程零缺陷投运，不发生因验收工作不到位导致的设备质量事件。

验收中如果发现新的问题或缺陷情况，应结合前期和中间验收过程遗留问题，统一编制验收及整改记录，交检修指挥部督促整改，在规定时间内整改。缺陷整改完成后，由检修单位提出复验申请，指挥部审查缺陷整改情况，组织现场复验，未按要求完成的继续落实缺陷整改。

3. 验收结束

验收结束，工作负责人与工作许可人双方签字确认，检修后设备状态一经验收签字确认后，所有人员不得再次进入该设备区域，调度部门如无操作指令，任何人均不得变动或更改现场设备状态。

验收结束后，应再次检查检修区域内设备，现场无遗留物，设备状态一致，符合送电要求，倒闸操作送电。

5.2.4　检修监管复查总结业务实施

1. 检修复查总结

检修总结一般为检修项目竣工后 7 日内提交，一般包括检修方案内项目完成情况，设备主人前期准备工作开展情况，设备主人现场实施工作开展情况，设备主人亮点工作，设备主人工作总结等。

（1）检修完成情况。主要包括完成的常规检修、技改项目、大修项目、消缺项目、隐患治理、精益化评价等完成的内容和数量，应分项列举在表格内，做好统计和分析工作。

（2）设备主人前期准备工作开展情况。设备主人前期准备工作开展情况主要包括开展设备主人前期准备工作、组建设备主人团队、编制设备主人现场实施方案和明确"设备主人制"工作思路等，以明确设备主人监管工作内容和检修工作监管重点。

（3）设备主人现场实施工作开展情况。根据现场作业面的工作量，设备主人负责检修期间项目见证和设备主人相关工作；参与检修站班会，了解当天工作内容和主要危险点，做好现场安全管控工作。对现场安全和文明施工进行监管，关键检修项目见证，做到施工过程关键点全覆盖。编制工作日报，向设备主人管理组汇报当天工作情况，包括见证项目、发现问题、处理措施和结果、执行中遇到的问题及建议等内容，对设备主人工作中遇到的问题，由设备主人管理组给予指导。在检修工作结束后，需要对检修质量进行持卡全面验收，全面提升检修质量，真正做到"修必修好"。

（4）设备主人亮点工作。工作过程中呈现的好方法、好技术、好装备，设备主人应进行认真梳理，写入检修总结中。从检修安全把控、检修工艺质量、检修准备、文明生产、验收等环节中，提炼出工作亮点，提高现场检修质量，提升设备本质安全水平。

（5）设备主人工作总结。针对设备主人工作过程中收获和不足进行总结，针对设备主人工作中发现的问题及改进措施，完善现场设备主人工作方式与内容，提高设备主人工作执行效率。

检修总结模板如下：

＿＿＿＿＿＿＿＿站检修总结（模板）

一、检修总体情况介绍

本次检修计划工期为××××年××月××日至××日，共×天。××月××日××：××分，调度下令年修工作开工，××月××日，检修工作全部完成并于×××分向调度报完工。××：××分××投入运行正常。本次检修期间完成×××个操作任务、共操作××办理工作票××张，其中一种票××张、二种票××线路一种票××张、抢修单××张。工作票及操作票合格率××%。

二、检修项目完成情况

（一）常规项目完成情况

本次检修计划完成常规项目××项，实际完成××，计划完成率×%。项目及完成情况见表 14。

（二）技改项目完成情况

本次检修计划完成特殊项目××项，实际完成××，计划完成率×%。项目及完成情况见表 15。

（三）大修项目完成情况

本次检修计划完成技改项目××项，实际完成××，计划完成率×%。项目及完成情况见表 16。

（四）消缺项目完成情况

本次检修计划完成消缺治理项目××项，实际完成××项，计划完成率×%。项目及完成情况见表 17。

（五）隐患治理项目完成情况

本次检修计划完成隐患治理项目××项，实际完成××项，计划完成率×%。项目及完成情况见表 18。

（六）精益化评价整改项目完成情况

本次检修计划完成精益化评价整改项目××项，实际完成××项，计划完成率×%。项目及完成情况见表 19。

三、目前设备遗留问题及所采取的措施

列出变电站还存在的遗留问题,说明原因,并分析对安全运行的影响以及拟采取的措施。项目完成情况见表 14～表 19,遗留项目及采取的措施见表 20。

若有其他需要详细说明的事项,请附上详细报告。

表 14　　　　　　　　　　　常 规 项 目 完 成 情 况

序号	常规修试项目	完成情况	备注
1			
2			
3			

表 15　　　　　　　　　　　技 改 项 目 完 成 情 况

序号	技改项目	完成情况	备注
1			
2			
3			

表 16　　　　　　　　　　　大 修 项 目 完 成 情 况

序号	大修项目	完成情况	备注
1			
2			
3			

表 17　　　　　　　　　　　消 缺 项 目 完 成 情 况

序号	消缺项目	完成情况	备注
1			
2			
3			

表 18　　　　　　　　　　隐患治理项目完成情况

序号	隐患治理项目	完成情况	备注
1			
2			
3			

表 19　　　　　　　　　　　精益化评价整改项目完成情况

序号	遗留问题	控制措施	备注
1			
2			
3			

表 20　　　　　　　　　　　　遗留问题及控制措施

序号	遗留问题	控制措施	备注
1			
2			
3			

2. 检修后评估

检修后评估的主要工作内容包括检修后资料的归档、物资闭环、隐患处理流程、遗留问题的跟踪及总结模板等，对检修任务结束进行闭环。其中主要包括以下几个方面：

（1）检修工作的检修资料，包括试验报告、检修执行卡、工作票等按要求及时归档。

（2）检修工作的相关物资，包括废旧物资、备品备件等，履行相关手续，及时闭环。

（3）对检修发现的隐患，及时分析，汇报给专业主管部门，并采取合理的解决措施。

（4）对检修后遗留问题，及时汇报相关部门和个人，提供合适的处理措施，并按要求跟踪。

（5）检修过程中发现的人员技能短板，积极开展针对性培训，提高人员技能水平。

（6）检修过程中发现的问题进行及时汇总，开展技术攻关工作。

5.3　典　型　应　用　案　例

5.3.1　220kV××常规变电站检修过程管控应用案例

1. 检修前期监管

（1）计划编制。表 5-21 为编制下发的涉及 220kV××常规变电站的年度检修计划、月度检修计划和周检修计划。

表 5-21　　　　　　　　　　　220kV××常规变电站月度检修计划

序号	运检中心	变电站	工作主要内容	设备停电范围	工作性质	工作开始时间	工作结束时间	停电天数	电压等级（kV）
1	××变电运检中心	××变电站	220kV 副母线配合 220kV 副母闸刀反措、220kV 副母线及母线电压互感器间隔设备 C 检，副母电压互感器隔离开关调换、220kV 母联断路器间隔 C 检、220kV 母联断路器副母隔离开关反措、间隔电流互感器 B 级检修	220kV 副母线及副母电压互感器改检修，220kV 母联断路器改检修	C 检、反措、大修	5 月 27 日	6 月 9 日	14	220
2	××变电运检中心	××变电站	2 号主变电站及间隔设备 C 检，保护及自动化校验、副母隔离开关反措，间隔电流互感器 B 级检修；2 号主变电站 220kV、110kV 主变电站开关机构大修	2 号主变电站及三侧断路器改检修；35kV 消弧线圈改检修	C 检、反措	5 月 31 日	6 月 5 日	6	220
3	××变电运检中心	××变电站	35kV Ⅱ 段母线综检，间隔及线路设备 C 检、保护及自动化装置校验、35kV 3 号、4 号电容器及开关机构大修	35kV Ⅱ 段母线及电压互感器改检修；35kV 2 号电抗器及开关、3 号电容器及开关、2 号所用变、待用 468 断路器及线路、4 号电容器及断路器、甲乙 467 线断路器及线路、丙丁 452 断路器及线路、甲丁 359 断路器及线路、35kV 母分断路器改检修	C 检、大修	6 月 12 日	6 月 15 日	4	35
4	××变电运检中心	××变电站	教学 2345 断路器间隔及线路设备 C 检、保护及自动化装置校验、开关机构大修、副母隔离开关反措、间隔电流互感器 B 级检修	教学 2345 改断路器线路检修	C 检、反措	5 月 31 日	6 月 5 日	6	220
5	××变电运检中心	××变电站	教学 4Q19 断路器间隔及线路设备 C 检、保护及自动化装置校验、开关机构大修、副母隔离开关反措、间隔电流互感器 B 级检修	教学 4Q19 改断路器线路检修	C 检、反措	5 月 31 日	6 月 5 日	6	220
6	××变电运检中心	××变电站	教学 4Q20 断路器间隔及线路设备 C 检、保护及自动化装置校验、开关机构大修、副母隔离开关反措、间隔电流互感器 B 级检修；教学 4Q20 线断路器机构箱底部有积水处理	教学 4Q20 改断路器线路检修	C 检、反措、大修	6 月 6 日	6 月 11 日	6	220

序号	运检中心	变电站	工作主要内容	设备停电范围	工作性质	工作开始时间	工作结束时间	停电天数	电压等级（kV）
7	××变电运检中心	××变电站	3号主变压器及间隔设备C检，自动化校验，副母隔离开关反措、间隔电流互感器B级检修，3号主变压器220kV、110kV开关机构大修；3号主变压器油温2当地后台机显示1.7℃，本体温度计显示35℃处理，3号主变压器冷控箱风扇空气开关Q1跳开，合不上处理（之前跳开后合上过一次，现又出现，更换风扇马达），3号主变压器220kV副母隔离开关A、B、C相绝缘上部有鸟巢处理，3号主变压器220kV主变压器隔离开关C相与教学4Q20线路隔离开关A相之间，14号架构避雷针上方门架有鸟巢处理	3号主变压器及三侧开关改检修	C检、反措、大修	6月6日	6月11日	6	220
8	××变电运检中心	××变电站	35kVⅢ段母线间隔C检、保护及自动化装置校验，5、6号电容器开关机构大修，35kV 6号电容器及TA拆除恢复（静触头）教学355线路接地开关插手柄处定位销子脱落处理	35kVⅢ段母线及母线电压互感器改检修、35kV 5、6号电容器及断路器改检修、教学355线改断路器线路检修	C检、大修	6月6日	6月11日	6	35

（2）现场踏勘。组织人员对检修常规变电站进行检修前现场踏勘工作（如图5-5所示），梳理变电站现存缺陷和新增问题，列入检修方案和设备主人监管方案中。

图5-5　220kV××常规变电站检修前现场踏勘

（3）检修方案编制。常规变电站检修方案（如图 5-6 所示）主要针对常规设备，最大化将现存问题及缺陷处理完成。

图 5-6　220kV××常规变电站检修方案

（4）设备主人现场监管方案编制。针对常规变电站检修方案同步编制设备主人现场监管方案（如图 5-7 所示），方案主要包括编制说明及编制依据、组织结构及职责分工、工程概况、项目全过程管控措施、检修过程管控措施、设备检修项目验收、设备主人机制培训等。

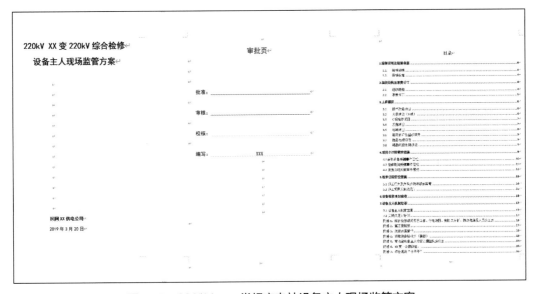

图 5-7　220kV××常规变电站设备主人现场监管方案

2. 检修过程监管

（1）工作票签发许可（见图5-8）。工作票签发许可时注意核对工作负责人资质，工作内容和工作地点与停电申请一致，计划工作时间与调度批复的时间一致，安全措施中应拉断路器（开关）、隔离开关（刀闸）正确、应装接地线或合接地开关地点、名称和编号正确，应设遮拦和应挂标示牌及防止二次回路误碰等措施完善，工作票签发人资质，签发时间，简图正确，避免出现不规范现象（如图5-9所示）。

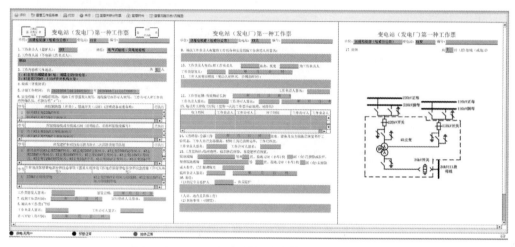

图5-8　220kV××常规变电站工作票签发许可

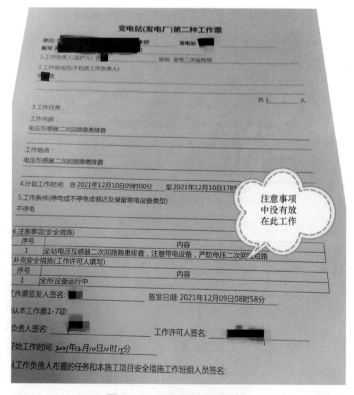

图5-9　工作票不规范现象

（2）检修过程安全监管。常规变电站设备多数为敞开式分布，数量和种类多，检修人员和地点纷繁且分散，检修过程安全监管难度较大，安全监管尤其要引起重视，避免因人员管控不到位引发安全事故（如图 5-10、图 5-11 所示）。

图 5-10　检修过程

图 5-11　检修过程不规范现象

（3）检修过程质量监管。检修过程质量监管实施过程应严格按照规范执行，针对常规变电站内的主要设备如变压器（电抗器）、断路器、隔离开关、开关柜、电流互感器、电压互感器、避雷器、并联电容器等应按照常规变电站检修工艺要求施工，确保施工工艺和质量。检修反措执行现场如图 5-12 所示。更换掉的部件如图 5-13 所示。

（4）检修过程进度监管。检修负责人应把控好施工进度，防止出现疏漏和赶工期现象（如图 5-14 所示）。

图 5-12　检修反措执行现场

图 5-13　更换掉的部件

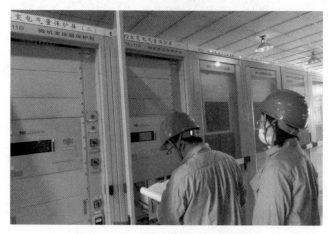

图 5-14　工作负责人查看现场进度

3. 检修验收

工作验收过程，设备主人应根据检修方案和设备主人监管方案内容进行验收，确保所修设备"应修必修，修必修好"（如图 5-15 所示）。

图 5-15　检修验收

4. 检修监管复查总结

（1）复查总结（如图 5-16 所示）。

××变压器 220kV 副母线综合检修总结

一、检修总体情况介绍

本次检修计划工期为 2020 年 5 月 25 日至 6 月 11 日，共 18 天。5 月 25 日 10：24，调度许可检修工作开工，6 月 11 日，检修工作全部完成并于 13：07 向调度报完工，实际检修工作共历时 18 天。6 月 12 日 0：00 ××变压器 3 号主变压器及 35kV Ⅲ段母线投入运行正常。本次检修期间投入人员 50 人、大型吊车工器具 12 辆，涉及主变压器 3 台，断路器 12 台，隔离开关 14 组，电流互感器 18 组，电压互感器 3 台，避雷器 4 台。完成 73 个操作任务、办理工作票 37 张，其中一种票 31 张、二种票 6 张。工作票及操作票合格率 100%。

二、检修项目完成情况

（一）大修项目完成情况

本次检修计划完成大修项目 17 项，实际完成 17 项，计划完成率 100%。项目及完成情况见附表 1。

（二）消缺项目完成情况

本次检修计划完成消缺治理项目 6 项，实际完成 6 项，计划完成率 100%。项目及完成情况见附表 2。

（三）隐患治理项目完成情况

本次检修计划完成隐患治理项目 33 项，实际完成 33 项，计划完成率 100%。项目及完成情况见附表 3。

（四）精益化评价整改项目完成情况

本次检修计划完成精益化评价整改项目 1 项，实际完成 1 项，计划完成率 100%。项目及完成情况见附表 4。

（五）反措项目执行完成情况

图 5-16　检修总结

（2）检修后评估（如图5-17所示）。

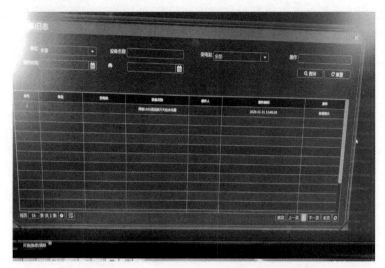

图5-17 "一站一库"闭环、缺陷录入

5.3.2 220kV××智能变电站检修过程管控应用案例

1. 检修前期监管

（1）计划编制。表5-22为编制下发的涉及智能变电站年度检修计划、月度检修计划和周检修计划。

表5-22 　　　　　　　　　220kV××智能变电站月度检修计划

单位名称	检修地点	检修工作主要内容	需停电范围	检修性质	计划停电开始时间	计划复役时间	计划停电天数	电压等级（kV）	备注
××变电运检中心	××变	教学 2P56 副母隔离开关反措	教学 2P56 断路器改检修	反措	11月11日	11月12日	2	220	
××变电运检中心	××变	教学 2P55 副母隔离开关反措	教学 2P55 断路器改检修	反措	11月15日	11月18日	4	220	
××变电运检中心	××变	配合教学 2P56、教学雨湖 2P55 副母隔离开关反措	220kV 副母线改检修	反措	11月11日	11月18日	8	220	
××变电运检中心	××变	教学 2P64 线副母隔离开关反措、线路压变消缺	教学 2P64 断路器及线路改检修	反措	11月19日	11月21日	3	220	
××变电运检中心	××变	教学 2P56 间隔及线路设备 C 检、保护及自动化装置校验、开关机构维护、间隔流变 B 级检修	教学 2P56 线断路器线路改检修	C 检、大修	11月11日	11月14日	4	220	

（2）现场踏勘。组织人员对检修智能变电站进行检修前现场踏勘工作，梳理变电站现存缺陷和新增问题，列入检修方案和设备主人监管方案中（如图 5-18 所示）。

图 5-18　220kV××智能变电站检修前现场踏勘

（3）检修方案。智能变电站检修方案（如图 5-19 所示）主要针对 GIS 和智能设备，最大化将现存问题及缺陷处理完成。

图 5-19　220kV××智能变电站检修方案

（4）设备主人监管方案。针对智能变电站检修方案同步编制设备主人现场监管方案（如图 5-20 所示），方案主要包括编制说明及编制依据、组织结构及职责分工、工程概况、项目全过程管控措施、检修过程管控措施、设备检修项目验收、设备主人机制培训等。

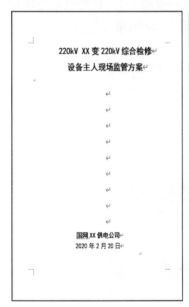
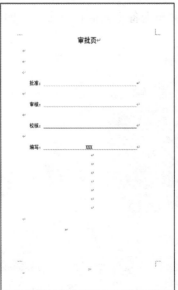

图 5-20　220kV××智能变电站设备主人现场监管方案

2. 检修过程监管

（1）工作票签发许可。工作票签发许可时注意核对工作负责人资质，工作内容和工作地点与停电申请一致，计划工作时间与调度批复的时间一致，安全措施中应拉断路器（开关）、隔离开关（刀闸）正确、应装接地线或合接地刀闸地点、名称和编号正确，应设遮拦和应挂标示牌及防止二次回路误碰等措施完善，工作票签发人资质，签发时间，简图正确，避免出现工作票不规范现象（如图 5-21、图 5-22 所示）。

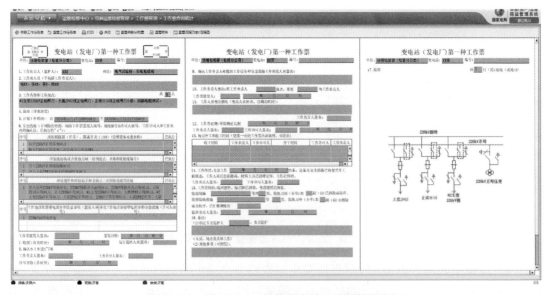

图 5-21　220kV××智能变电站工作票签发许可

（2）检修过程安全监管。智能变电站设备分布相对集中,作业范围较常规变电站小得多,检修过程中尤其要防止 SF_6 等有毒有害气体泄漏事故（如图 5-23 所示）。

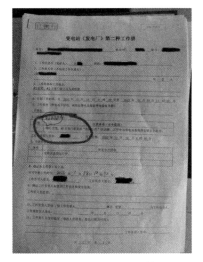

图 5-22　工作票不规范现象

图 5-23　220kV××智能变电站检修过程

检修过程中避免出现影响工作安全的不规范行为（如图 5-24 所示）。

图 5-24　工作时未按要求着装

（3）检修过程质量监管。智能变电站内的主要设备变压器、断路器、组合电器、隔离开关、开关柜、电流互感器、电压互感器、避雷器等应按照智能变电站检修工艺要求进行施工,确保施工质量（如图 5-25 所示）。

图5-25 工作负责人现场监督检修质量

（4）检修过程进度监管。检修负责人应把控好施工进度，防止出现疏漏和赶工期现象（如图5-26所示）。

图5-26 工作负责人检查检修进度

3. 检修验收

工作验收过程，设备主人应根据检修方案和设备主人监管方案内容进行验收，确保所修设备"应修必修，修必修好"（如图5-27所示）。

图5-27 工作负责人检查工作进度

4. 检修监管复查总结（如图5–28所示）

（1）复查总结。

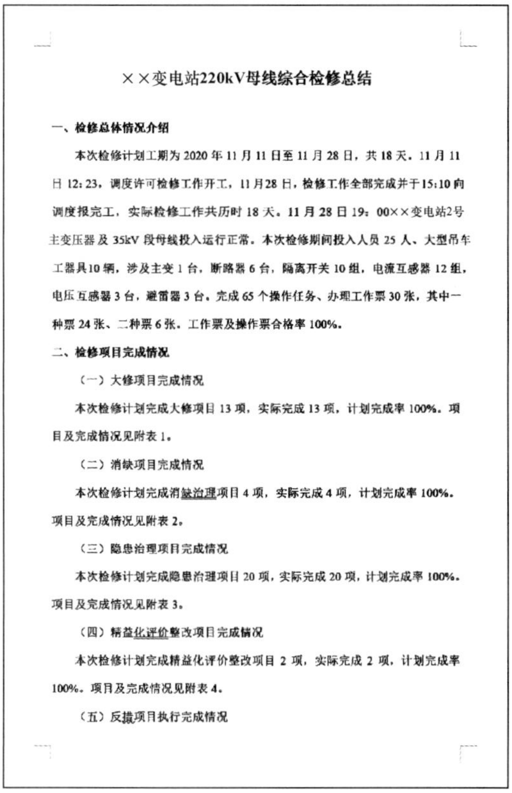

××变电站220kV母线综合检修总结

一、检修总体情况介绍

本次检修计划工期为2020年11月11日至11月28日，共18天。11月11日12:23，调度许可检修工作开工，11月28日，检修工作全部完成并于15:10向调度报完工，实际检修工作共历时18天。11月28日19：00××变电站2号主变压器及35kV段母线投入运行正常。本次检修期间投入人员25人、大型吊车工器具10辆，涉及主变1台，断路器6台，隔离开关10组，电流互感器12组，电压互感器3台，避雷器3台。完成65个操作任务、办理工作票30张，其中一种票24张、二种票6张。工作票及操作票合格率100%。

二、检修项目完成情况

（一）大修项目完成情况

本次检修计划完成大修项目13项，实际完成13项，计划完成率100%。项目及完成情况见附表1。

（二）消缺项目完成情况

本次检修计划完成消缺治理项目4项，实际完成4项，计划完成率100%。项目及完成情况见附表2。

（三）隐患治理项目完成情况

本次检修计划完成隐患治理项目20项，实际完成20项，计划完成率100%。项目及完成情况见附表3。

（四）精益化评价整改项目完成情况

本次检修计划完成精益化评价整改项目2项，实际完成2项，计划完成率100%。项目及完成情况见附表4。

（五）反措项目执行完成情况

图5–28 检修总结

（2）检修后评估。

第6章

变 电 运 检 业 务

变电设备主人是变电站主辅设备的全寿命周期管理的落实者,设备主人工作深化实施以按照"安全第一、稳步推进、重点突破、总结提升"的原则,以变电运检班组重点突破设备主人制深化实施为主要对象,除承担班组传统运维业务及职责外,在广度和深度上拓展至变电运检业务,全面开展运维、检修、检测、评价、验收等设备全寿命周期管控业务,强化设备主人的主动权和话语权,实现设备全寿命周期管理主体职责的落实。

6.1 变电运检业务概述

变电运检一体化是变电设备主人工作落地的有效载体和人员技术技能水平提升的有力抓手。设备主人通过承担设备消缺、C/D 级检修、生产计划编制、技改大修项目管控等业务,实现专业融合,逐步提升设备主人的技术技能水平,提升各环节设备主人履职尽责能力。

6.1.1 设备消缺及 C/D 级检修

设备消缺主要是指通过对发生异常的设备进行测试、校验、解体、更换、紧固、焊接、润滑等工作,使异常设备恢复正常工作的过程。

C 级检修是指一般性检修,在设备停电后对其开展一系列试验、检查、维护工作,主要包括预防性试验、一般性消缺、检查、维护和清扫,确保设备性能正常。

D 级检修是指维护性检修,在不改变设备带电情况下对其开展测试、外观检查、维护、保养,确保设备性能正常。

按照"培训一项、合格一项、开展一项"的原则,根据变电设备主人实际技能水平,在强化变电运检一体化作业过程安全风险管控、规范执行工作票和作业卡的基础上,坚持安全第一和作业质量并重,循序渐进地开展变电设备主人设备消缺及 C/D 级检修作业项目。

6.1.2 设备生产计划编制

设备生产计划是指导设备运维检修单位在计划期内对设备进行维护保养和检查修理的

计划，电网企业生产经营计划的重要组成部分，一般由设备管理部门负责编制。通常包含年生产计划、月生产计划、周生产计划。

变电设备主人应依据带电检测、"一站一库"等设备状态评价结果，做好所辖变电站生产计划的编制工作，严格执行变电设施可靠性管理要求，优化运维、检修工作计划，做到"一停多用"，提高设备可用系数并减少计划性重复停运次数。

6.1.3　设备技改大修项目管控

设备技改是利用新技术、新设备、新工艺和新材料的成熟与先进的优势，对现有主、辅设备等资产进行更新和完善，以较为经济的方式，在满足智能、节能、环保等要求的前提下提升设备的安全性和可靠性。

设备大修是指以恢复主、辅设备等资产原有性能为目标开展的修理性工作，通常以项目制的方式进行管理。

变电设备主人应根据设备技改大修管理规定立项原则与变电站"一站一库"等设备状态评价结果，按变电站同类设备形成需求储备库滚动更新，提出生产技改大修项目立项建议，收集设备相关数据和项目立项依据性文件资料，参与方案论证与可行性研究，确保项目精准实施。

6.2　变电运检业务实施

6.2.1　变电运检班组建设

1. 运检班组组织模式

根据设备主人制是工作理念和体系建设，变电运检一体化是变电设备主人制落地的有效载体和技术保障，未来将形成变电运检班组为主角的"全科医生"与专业化检修中心为主角的"专科医生"的协同作业模式，最终提升变电专业核心竞争力，全面构建设备主人体系。目前，构建变电设备主人制的运检班组是推进变电运检一体化工作必经之路，主要有以下三种模式：

（1）运维人员培训转岗，组建变电运检班组。在确保安全生产和队伍稳定的前提下，采取自主报名和推荐选拔方式，抽调部分变电运维人员进行集中脱产培训、检修跟班实习、技能考核鉴定后，组建变电检修班组，转岗为运检工。最终在变电运维站层面形成变电运维班与变电检修班相结合的变电运检合一模式，检修班组人员具备变电运检一体技能。

（2）变电运维班组为基础，补充变电检修力量。整合变电运维单位和变电检修单位，按照地理区域和设备规模分拆为两个变电运检单位，变电运检单位层面采用运检合一模式，内设变电运维班、变电检修班，同时以试点变电运维班为班底，抽调补充各专业检修人员组建变电运检班，逐步打破运维、检修壁垒，培养班组人员运检一体技能，落实变电设备主人职责。

（3）检修班组为底，补充运维力量。在变电检修单位内组建变电运检班，抽调部分变电运维人员补充，承担所辖变电站的运维、检测、评价、验收、C/D级及以下检修业务，班组人员在具备原专业技能的同时，学习和培养第二专业技能，班组层面实现运检一体模式。

2. 运检班组管理职责

变电运检班是设备全寿命周期管理的落实机构和责任主体，除承担传统运维班组业务及职责，以及各变电运维班组需稳步推进的基建工程管控、检修过程管控、设备状态评价等业务外，还需继续拓展班组业务的广度和深度，承担设备消缺、C/D级检修、生产计划编制、技改大修项目管控等业务。通过构建设备主人制的运检班组，逐步打破运维、检修壁垒，培养班组人员运检一体技能，落实变电设备主人职责。

（1）运检管理职责范围为对所辖变电站内电气设备和辅助设备的日常运维、检修消缺、技术改造、应急抢修、反措执行等工作，落实设备全寿命周期管理，确保设备安全稳定运行。

（2）负责检修项目的修前踏勘工作。在检修工作开展前应按作业项目分类，组织专业技术人员进行资料收集和现场勘查，并做好勘察记录。作为检修工作负责人的设备主人应参与检修前勘察。

（3）负责检修方案的编制工作。检修方案应由各种专项方案组成，主要包括"三措一案"，即作业方案、组织措施、安全措施和技术措施，涵盖编制依据、工作内容、检修任务、进度控制和验收要求等，确保应修必修、修必修好。

（4）负责检修标准作业卡的编审和应用。标准化作业应贯穿现场检修、抢修、消缺等工作，以此确保检修工作质量符合标准化作业卡的工作要求。

（5）负责组织开展现场检修工作并验收。落实检修人员根据工作计划、检修方案和工作票开展检修工作，并对照相关标准对检修工作的所有工作内容进行全面检查验收，对验收不合格的项目应重新组织检修，直至验收合格。

（6）负责变电设备应急抢修工作。应根据实际设备情况编制设备故障抢修预案，针对重要变电站、重要设备的故障，应制定现场故障抢修专项预案，每年应组织开展 2 次及以上的抢修应急演练。抢修预案和应急演练应满足实际工作需求，提高设备主人应急管控能力。

（7）负责对现场安全措施的布置和执行。对检修工作的许可、终结等环节应严格把关，确保现场检修工作安全可靠，杜绝发生人身伤害事故和人员责任性违章行为。

（8）负责施工材料和工机具管理。对材料和工机具建立台账，对使用说明书及图纸等技术资料进行归档，做好工机具的日常维护工作。保证材料和工机具的使用符合安全规范和使用标准。

（9）负责检修安全过程管控。检修作业开始前对工作班成员严格执行安全交底，严控工作范围，与带电设备保持合格的安全距离，杜绝发生人身伤害事故。

（10）负责检修项目的业务外包管理。应按照合同要求落实业务外包单位和人员的安全生产责任和检修质量责任。开工前应提前开展项目交底，交底内容包括图纸、技术细节、检修作业范围、临近带电危险区域和设备停送电配合等相关安全注意事项等。

（11）负责变电站投运前的生产准备任务。主要包括运维单位明确、人员配置、人员培训、规程编制、工器具及仪器仪表、办公与生活设施购置、工程前期参与、验收及设备台账信息录入等，防止发生因生产准备工作不足而造成的投运延误事件。

（12）负责变电站现场专用运行规程、典型操作票的编制和修订。确保现场运行规程及典型操作票符合设备实际情况和现场应用需求，及时修订现场运行规程和典型操作票，并及时报送上级部门审核。

（13）负责变电站主辅设备的巡视工作。按周期开展设备例行巡视、全面巡视、特殊巡视及专业巡视，应结合每月停电检修计划、带电检测、设备消缺维护等工作统筹组织实施，提高运维质量和效率。巡视应确保及时发现设备缺陷隐患，并持续跟踪隐患设备的运行状态。

（14）负责变电站电气设备的倒闸操作，操作过程中应严格执行"六要、七禁、八步"的倒闸操作规范，并严格遵守安规、调规、现场运行规程和本单位的补充规定等要求进行。严禁发生因倒闸操作不规范而造成的电气误操作事件。

（15）负责所辖变电站的缺陷管理。落实开展缺陷的发现、建档、上报、处理、验收等全过程的闭环管理。填报设备缺陷时，应严格按照缺陷标准库和现场设备缺陷实际情况对缺陷进行定性。缺陷未消除前，设备主人应加强设备跟踪巡视。

（16）负责对设备的日常维护和定期切换、试验。对变电站内的高频通道、事故照明系统、主变压器冷却电源、主变压器冷却系统、直流系统、站用交流电源系统、通风系统、UPS 系统应按周期要求进行定期切换试验，确保相关设备运行状态良好。

（17）负责变电站内的消防管理。应按照国家及地方有关消防法律法规制定变电站现场消防管理具体要求，并严格执行。应熟知消防设施的使用方法，掌握自救逃生知识和消防技能。应设专人负责，建立台账并及时检查，定期开展消防演练。

（18）负责防误操作闭锁装置的管理。对防误解锁程序应按照上级部门的管理规定严格执行。定期组织开展防误培训工作，使设备主人熟练掌握防误装置，做到"四懂三会"。确保防误闭锁装置简单完善、安全可靠，操作和维护方便，能够实现"五防"功能。

（19）负责对变电站的辅助设施管理。应根据工作计划按周期进行辅助设施维护、试验及轮换工作，发现问题及时处理。同时应结合本地区气象、环境、设备情况增加辅助设施检查维护工作频次，确保辅助设施可靠使用。

（20）负责对安全工器具、仪器仪表、备品备件的管理。应对安全工器具、仪器仪表、备品备件建立统一、准确的台账，确保数量充足、安全合格、使用有效，做好日常维护。

3. 运检人员技能提升

（1）全面梳理变电运维检修人员需掌握的理论知识、专业技能、管理流程，通过变电运维检修人员"人人过关"考核的方式，着力解决"不想干、不会干"的问题，强化人员履职尽责意识和能力。

（2）组织开展变电设备主人劳动竞赛，并以赛促学，进一步提升人员技术技能水平。

（3）加快构建完善的设备主人培训体系，组建设备主人专家团队，按照"干什么学什么，缺什么补什么"的原则，采用转岗培训、跟班学习、人员调配、师带徒等多种方式，有效支撑设备主人各项业务开展。

4. 运检班组激励措施

（1）岗位激励措施。正式设置变电运检班组及变电运检工，变电运维（检修）人员需取得第二专业资质后方可正式认定为变电运检工，取得变电站值班员资质和某一检修专业技能资质，岗级在规定范围内比原岗级提高一岗，若原岗级已达上限，薪点提高 2 个等级。

（2）绩效激励措施。变电运检班组建设单位将变电设备主人制深化实施工作作为各单位关键绩效指标、重点工作任务，在现有的绩效分配基础上，适当提高变电运检班组所在单位的绩效考核系数，以此丰富变电运检班组建设单位绩效考核资源和操作裕度。

（3）专项激励措施。以"公平、公正、公开"为原则，采用个人申报、基层推荐和考试考评相结合的方式，突出设备主人工作业绩与实际能力，开展首席及高级设备主人资格认定工作，以此有效引导基层班组扎实有效开展设备主人制相关工作，强化现场人员设备主人意识，营造"比学赶超"的良好氛围。

6.2.2 设备消缺及 C/D 级检修业务实施

随着运检班组的成立，适应"运检合一"体系建设管理模式的变革，传统的设备巡视和现场操作依靠运维人员、设备检修维护依靠检修人员的分工协作的方式将不再满足实际需求，运维、检修人员进行重组，整合设备巡视、现场操作、设备消缺、设备 C/D 类检修等业务，逐步推进和完善变电运检一体化管理。

1. 业务实施基本原则

（1）坚持确保安全，逐步推进。实施设备消缺及 C/D 级检修业务，要在确保不影响电网安全生产的前提下，总结经验和完善规章制度，始终坚持"先易后难，逐步推进"的原则，分期、分阶段实施。

（2）坚持培训先行，素质提升。设备消缺及 C/D 级检修业务开展依托于多技能人才、双师型人才队伍的培养，必须将培训工作作为业务推广的扎实基础，重点以提升于人员技能水平为主要途径，为设备消缺及 C/D 级检修业务建设提供人力资源保障。

（3）坚持效率提升，精益管理。坚定不移地以不断提高人力资源的综合利用率，把提高劳动生产率作为设备消缺及 C/D 级检修业务建设的出发点和落脚点，达到整合生产业务、优化生产业务流程、提升生产效率和降低运检成本的目的。

（4）坚持合理引导，激励保障。设备消缺及 C/D 级检修业务对传统运维生产模式进行了较大调整，有利于运检资源的优化利用，有利于工作效率的提升，而人员劳动强度和安全责任也相应增大。必须发动和引导职工积极投身到新模式的探索和改革之中，激发广大员工的工作积极性和创造性。同时在制定激励政策上，应向掌握多专业技能和从事的多专业工作的一线员工倾斜，促进员工提高绩效、向"一岗多能"的高素质人才发展。

2. 业务开展基本范围

设备消缺及 C/D 级检修业务主要包括主设备停电 C 级检修（包括消缺和维护）和主辅设备不停电 D 级检修（包括消缺和维护）。一、二次设备停电 C 级检修（包括消缺和维护）业务共计 50 项，如表 6-1 所示；依据实际情况，列入一、二次设备不停电 D 级检修（包括消缺和维护）业务共计 120 项，如表 6-2 所示。

表 6-1　　　　　　　　　　停电 C 级检修（包括消缺和维护）业务项目

序号	专业类别	业务类型	业务内容
1	继电保护专业	定期检修	主变压器、线路、母联（母分）、电容器、电抗器等单间隔保护 C 检
2			母差保护 C 检
3		单间隔基建及技改（外部施工单位）配合	保护改定值（包括故障录波器）
4			间隔带负荷
5			电压核相
6			间隔改命名（电缆号牌更换等）
7			保护验收
8			二次回路隔离及接入
9			通道联调
10		反措	保护版本升级（智能站包括合并单元及智能终端）
11			保护插件更换（智能站包括合并单元及智能终端）
12			保护改定值（包括功能校验）
13		消缺	智能站 GOOSE/SV 断链
14			TV 失压
15			TA 断线
16			控制回路断线
17			故障录波器故障
18			对时异常
19			闸刀触点故障
20			闸刀无法电动分、合闸
21			差动保护通道异常
22			保护装置故障（智能站包括合并单元及智能终端）
23			保护装置异常（智能站包括合并单元及智能终端）
24			直流接地
25	自动化专业	定期检修	主变压器、线路、母联（母分）、电容器、电抗器等单间隔测控 C 检
26		单间隔基建及技改（外部施工单位）配合	常规 AIS 站间隔改命名（由厂家负责）
27			常规 GIS 站间隔改命名（由厂家负责）
28			智能站间隔改命名（由厂家负责）
29		消缺	测控装置通信中断
30			测控装置面板花屏

序号	专业类别	业务类型	业务内容
31	自动化专业	消缺	"遥测、遥信"异常
32			交换机故障
33			后台机故障
34			UPS 电源故障
35			"遥控"异常
36	变电检修专业	定期检修	主变压器、线路、母联（母分）、电容器、电抗器等单间隔设备 C 检
37		消缺	变电站鸟巢处理
38			主变压器油色谱装置故障
39			五小箱密封不良、加热器故障等缺陷处理
40			线夹/接头发热处理
41			SF_6 断路器及 GIS 补气检漏工作
42			开关电机打压超时
43			闸刀无法电动分、合闸
44			开关分、合闸线圈更换
45			带电显示器故障
46			线路电压继电器故障
47			主变压器温度表计故障
48	高压试验及油化专业	定期检修	主变压器、线路、母联（母分）、电容器、电抗器等单间隔设备 C 检
49			主变压器设备取油
50		消缺	主变压器近区短路取油样

表6-2　　　　　　　　　不停电 D 级检修（包括消缺和维护）业务项目

序号	设备分类	运维项目
1	通用	设备巡视
2		室内和室外高压带电显示装置维护
3		室内和室外高压带电显示装置更换（不含传感器的不停电更换）
4		地面设备构架、基础防锈和除锈
5	带电检测	一次设备红外检测
6		二次设备红外检测
7		开关柜地电波检测
8	变压器（油浸式电抗器）	渗油部位简单处理，并跟踪判断
9		端子箱、冷控箱体消缺

序号	设备分类	运维项目
10	变压器（油浸式电抗器）	端子箱、冷控箱内驱潮加热、防潮防凝露模块和回路维护消缺
11		端子箱、冷控箱内照明回路维护消缺
12		端子箱、冷控箱内二次电缆封堵修补
13		冷却系统的指示灯、空气开关、热耦和接触器更换
14		吸湿器油封补油
15		硅胶更换
16		吸湿器玻璃罩、油封破损更换或整体更换
17		事故油池通畅检查
18		噪声检测（变压器、高压电抗器）
19		不停电的气体继电器集气盒放气
20		变压器铁芯、夹件接地电流测试
21	GIS	汇控柜体消缺
22		汇控柜内驱潮加热、防潮防凝露模块和回路维护消缺
23		汇控柜内照明回路维护消缺
24		汇控柜内二次电缆封堵修补
25		指示灯、储能空气开关更换
26	断路器	端子箱、机构箱体消缺
27		端子箱、机构箱内驱潮加热、防潮防凝露模块和回路维护消缺
28		端子箱、机构箱内照明回路维护消缺
29		端子箱、机构箱内二次电缆封堵修补
30		指示灯、储能空气开关更换
31	隔离开关	隔离开关电动机设备热耦继电器动作后的检查、复归
32		端子箱、机构箱体消缺
33		端子箱、机构箱内驱潮加热、防潮防凝露模块和回路维护消缺
34		端子箱、机构箱内照明回路维护消缺
35		端子箱、机构箱内二次电缆封堵修补
36	电流互感器（耦合电容器）	渗油部位简单处理，并跟踪判断
37		端子箱、机构箱体消缺
38		端子箱、机构箱内驱潮加热、防潮防凝露模块和回路维护消缺
39		端子箱、机构箱内照明回路维护消缺
40		端子箱、机构箱内二次电缆封堵修补

序号	设备分类	运维项目
41	电压互感器	渗油部位简单处理，并跟踪判断
42		端子箱、机构箱体消缺
43		端子箱、机构箱内驱潮加热、防潮防凝露模块和回路维护消缺
44		端子箱、机构箱内照明回路维护消缺
45		端子箱、机构箱内二次电缆封堵修补
46		高压保险管更换
47		二次快分开关和保险管更换
48	避雷器（避雷针）	放电计数器检测与更换，避雷器在线监测仪故障不停电更换
49	电力电容器	电力电容器熔丝（外置式）更换
50	高压开关柜	柜内照明回路维护消缺
51		柜内驱潮加热、防潮防凝露模块和回路维护消缺
52		断路器配件（指面板、按钮）的不停电更换工作
53		定期利用监测装置进行检测、跟踪开关柜局放
54		开关柜无线在线测温装置软件升级
55	继电保护及自动装置	微机保护定值区切换
56		屏柜体消缺
57		屏柜内照明回路维护消缺
58		屏柜内二次电缆封堵修补
59		外观清扫、检查
60		保护差流检查、通道检查
61		故障录波器死机或故障后重启
62		保护子站死机或故障后重启
63		打印机维护和缺陷处理
64	监控装置	自动化设备重启（包括装置型远动机、装置型前置机、交换机、通信数透装置、当地后台机）
65		后台、信息子站、故障录波器等独立显示器、键盘、鼠标更换
66		屏柜体消缺
67		屏柜内照明回路维护消缺
68		屏柜内二次电缆封堵修补
69		外观清扫、检查
70		自动化信息核对
71		后台监控系统装置除尘（包括 UPS、后台主机等）

续表

序号	设备分类	运维项目
72	监控装置	测控装置一般性故障处理（通信故障、遥测不刷新等）
73	直流电源（含事故照明屏）	拉路寻找直流接地支路，并作初步判断
74		蓄电池动静态放电测试
75		屏柜体消缺
76		屏柜内照明回路维护消缺
77		屏柜内二次电缆封堵修补
78		外观清扫、检查
79		指示灯更换
80		熔断器更换
81		单个电池内阻测试
82		电压采集单元熔丝更换
83	站用电系统	屏柜体消缺
84		屏柜内照明回路维护消缺
85		指示灯更换
86		外观清扫、检查
87		熔断器更换
88		定期切换试验
89		外熔丝更换
90		硅胶更换
91	接地网	接地网开挖抽检
92		接地网引下线检查测试
93	微机防误系统	电磁锁维护更换
94		独立微机防误装置防误主机系统维护
95		独立微机五防防误逻辑修改
96		独立微机防误装置电脑钥匙维护
97		独立微机防误装置设备命名更改
98		系统主机除尘，电源、通信适配器等附件维护
99		微机防误装置逻辑校验
100		电脑钥匙功能检测
101		锁具维护，编码正确性检查
102		接地螺栓及接地标志维护

序号	设备分类	运维项目
103	微机防误系统	一般缺陷处理
104	消防、安防系统	系统主机除尘，电源等附件维护
105		报警探头、操作功能试验，远程功能核对
106		一般缺陷处理
107	在线监测	主机和终端设备外观清扫、检查
108		通信检查，后台机与在线监测平台数据核对（CAC检查和重启）
109		油色谱在线监测装置载气切换
110		一般缺陷处理（在线监测装置检查、重启）
111	辅助设施	变电站防火、防小动物封堵检查维护：站区、屏柜、电缆层、电缆竖井及电缆沟封堵检查维护
112		配电箱、检修电源箱检查、维护
113		防汛设施检查维护：变电站电缆沟、排水沟、围墙外排水沟，污水泵、潜水泵、排水泵检查维护
114		设备铭牌等标识维护、更换，围栏、警示牌等安全设施检查维护
115		设备室通风系统维护，风机故障检查、更换处理
116		室内 SF_6 氧量报警仪维护、消缺
117		一次设备地电位防腐处理
118		变电站室内外照明系统维护
119		消防设施器材检查维护：消防沙池、灭火器等
120		变电站水喷淋系统、消防水系统、泡沫灭火系统检查维护

3. 业务实施流程及规范

（1）业务实施基本流程。设备消缺及 C/D 级检修业务流程分为工作发起、工作过程、工作完结 3 个环节。

1）工作发起。计划性的设备消缺及 C/D 级检修业务项目，列入班组周计划，并在周计划中进行风险等级及评估和危险点分析预控。临时工作，由班组长签发任务单，明确任务名称、作业人员、作业时间等要求。

2）工作过程。实施设备消缺及 C/D 级检修项目需高压设备停电的，采取工作票形式，严格按照工作票制度执行；不需高压设备停电的，可不使用工作票，选用作业指导卡、任务单或运行日志等其他书面形式，记录相应安全措施、操作和工作内容。

3）工作完结。工作结束后，运检人员签销相关工作票据，做好工作记录。

（2）任务单规范要求。

1）对于临时性工作，由运检班组管理人员签发任务单，以任务单作为本次设备消缺及 C/D 级检修工作开展的依据，并在任务单内填写好工作人员、负责人。

2）运检班组管理人员向具体实施设备消缺及 C/D 级检修工作的运检人员指派任务，并交代安全注意事项。

3）运检人员在接受任务后，应熟悉工作内容和流程，并进行风险分析，对项目执行有疑问的应及时向运检班管理人员提出。

4）运检人员对作业任务确认无异议之后，根据任务单、典型作业指导卡，同时结合现场设备实际编制作业指导卡。

5）当任务单内的任务全部完成后，由运检人员填写任务单的反馈信息，交还给运检班组管理人员。

（3）作业指导卡规范要求。

1）由运维检修单位组织编写典型作业指导卡，审核通过后，供运检班组参考使用。

2）运检人员对作业任务确认无异议之后，根据任务单、典型作业指导卡，同时结合现场设备实际编制作业指导卡。审核无误后，提交运检班组管理人员。

3）运检人员分别在作业指导卡上签名，并按照作业指导卡内容逐步实施，每执行一步均需打勾确认。执行过程中发生异常，及时汇报运检班组管理人员，确认项目是否终止或采取其他措施。

4）运检人员完成作业项目后，签销作业指导卡，汇报运检班组管理人员，由运检班组管理人员对本次作业进行评价，并做好记录。

6.2.3 设备生产计划编制业务实施

以设备主人团队为依托，通过带电检测、"一站一库"建设、设备状态评价等手段，全面梳理所辖变电站范围内变电设备缺陷、隐患、反措等各项问题清单，从设备主人角度出发，结合检修工作需求编制变电站检修计划。

1. 计划编制基本原则

变电设备生产计划包括设备运维、检修、检测以及变电运检一体化项目的年、月和周生产计划。

（1）计划上报。

1）变电运检工作实行计划管理，应根据供电公司停电计划、设备检修周期、设备巡视和维护要求以及班组承载力上报年度计划、月度计划及周计划。

2）年计划上报：根据所属变电站的设备检修周期、设备状态评估情况、设备隐患及反措整改计划、运行环境整治计划、房屋维修计划、安防及消防设施整改计划、新增设备计划以及所辖范围内新投运变电站运检计划，上报下一年度的运检生产计划。

3）月计划上报：结合班组运检工作年度计划、班组所属变电站设备隐患及缺陷情况和各项新增工作，上报下一月度的运检生产计划。

4）周计划上报：依据已下达月运检生产计划，统筹考虑运维检修工作分配和安全承载力，上报周工作计划，周计划应包括倒闸操作、巡检、定期试验及轮换、例行检修/大修、技改、反措排查执行、设备带电检测及日常维护、设备消缺等运检各专业工作内容。

（2）计划执行。

1）根据下发的周计划，安排每日运检工作。每项具体工作都应明确具体负责人员工作注意事项、车辆安排和完成时限。

2）计划中的工作负责人应按计划高质量完成工作。

3）相关管理人员应按照到岗到位要求监督检查计划的执行情况。

（3）计划管控。

1）为对生产计划的执行情况进行管控，确保工作进度和质量，也为后续工作计划编制提供参考，应实施工作联系人制度和工作反馈制度。

2）工作联系人制度，是指各类工作均设有一名联系人，联系人负责该项工作的计划申报、工作票签发（若需工作票）、进度管控、问题协调、安全质量监督以及完工反馈等工作的全过程管控。其中计划申报和完工反馈由该工作联系人和生产计划管理人员对接完成，其余环节由工作联系人和具体实施班员对接完成。

3）工作反馈制度，就是值长、各项工作负责人应将各自所辖工作的完成情况进行反馈，可通过各类有效渠道进行反馈。当值负责人和各项工作负责人将工作计划中所安排工作的完工情况反馈至工作联系人，并抄送生产计划管理人员。生产计划管理人员根据反馈情况，每周发布工作计划完成情况。

（4）计划总结。

1）运检班组所在部门应每月对计划执行情况进行检查，提高运检工作质量。

2）运检班组每周及每月应对上一阶段运检各专业的工作进行总结，对下阶段运检工作进行计划安排，对未完成或遗留问题进行说明。

2. 计划编制依据范围

（1）带电检测。

1）设备主人负责开展红外检测、开关柜局放、主变铁芯夹件接地环流测试、蓄电池巡检、设备定期切换和机器人及其他设备感知装置的维护等各项带电检测工作。

2）依托设备主人团队（运检班组），常态化开展红外测温、开关柜局部放电等的周期检测工作，并在大型综合检修前、后，对检修设备开展针对性的检测，有助于及时发现运行设备隐患，有针对性地提出解决与处理措施。

（2）一站一库。

1）"一站一库"是由设备主人主导，针对变电站内设备状况，建立包含设备缺陷、隐患、反措、设备预试周期、不良工况设备、设备状态评估报告等多方面信息的所有问题，并以此为指导针对性开展设备日常巡视、带电检测、检修计划编制、检修过程管控等工作。

2）"一站一库"是各单位生产计划编制、技改大修立项、设备状态评价、运检工作落地的重要依据和抓手。

3）设备主人积极落实"一站一库"问题的整改，需停电处理的列入（年、月、周）停电检修计划，加强问题管控并结合现场检修落实，不需要停电处理的原则上一年内整改完毕，确因维修资金、备品备件、整改难度大等问题短期无法整改的，或者问题整改不彻底的，要做好备注说明并加强跟踪管控，需要协调解决的事宜上报上级部门予以落实。

（3）状态评价。

1）设备主人负责开展对设备的精益化管理评价、年度状态评价、动态评价，全方位查找设备和运检管理薄弱环节，并根据评价结果落实后续检修计划。

2）开展设备状态评价时，若发现存在重大安全隐患，以至于影响到设备安全运行，应立即开展隐患治理，即进行针对性检修处理。同理，设备状态评价中发现尚有未执行的反措项目，对设备安全运行影响较大，应尽快开展针对性检修处理，并在实施处理前应加强关注；对设备安全运行影响较小，结合检修周期安排整改。设备状态评价若发现的相关设备的停电试验项目已超周期，且最近一次评价结果为"异常状态"或"严重状态"的，应尽快停电，开展相关试验项目；最近一次评价结果为"注意状态"或"正常状态"的，应在当年内停电，开展相关试验项目，并在停电前应加强关注。

3）根据设备状态评价结果和设备状态检修导则，制订设备检修策略。

4）动态评价发现异常的设备应根据问题性质和严重程度及时调整检修策略。

5）通过建立设备主人团队主导的设备状态评价体系，充分考量设备所有状态量，确保评价结果最大限度反映设备真实运行工况，形成评价结果，以此指导设备检修策略的制定、检修计划的编制和各类工程项目的立项工作等。

6.2.4 设备技改大修项目管控业务实施

1. 技改项目立项原则

（1）总体原则。

1）坚持"安全第一、预防为主、综合治理"的方针，以国家、行业、地方有关方针政策、法律、法规为准绳，落实相关规定要求，以解决设备问题重点目标，确保电网安全稳定运行。

2）坚持"统一规划、注重实效"的方针，通过电网设备检修的方式，突出量化考量和改造实效，制定相关设备技术改造规划方案。

3）坚持设备全寿命周期成本最优原则，在确保电网设备安全、可靠运行的基础上，从安全、效能、周期成本等方面统筹考虑，实现资产效益最优化。

4）坚持以设备状态综合评价为基础原则，从设备的安全性评价、隐患排查、状态评价、设备故障缺陷状况等因素统筹考虑，基于综合评价结果，优先考虑解决对人身安全、电网安全和设备安全造成严重隐患的突出问题。

5）坚持技术进步为导向，通过先进的智能化适用技术，提升电网设备的智能化水平。

6）坚持统筹协调，协调好生产技术改造与基本建设等工作之间的关系，通过基本建设推动电网快速发展、技术改造优化完善电网设备的思路，多维度推动电网发展。

（2）通用原则。

1）设备不满足反措、规程要求或发现家族性缺陷，且无法通过设备大修解决时，应进行设备技改。

2）因电网发展需要，设备的主要技术参数实际需求，且无法通过设备大修改善设备性能时，应进行设备技改。

3）设备可靠性低、频发缺陷或存在设计缺陷，且无法彻底修复时，应进行设备技改。

4）原设备制造厂已停产的设备，由于不再提供备品备件和技术支撑，且已有的备品备件无法满足支撑到下一个检修周期时，应进行设备技改。

5）设备评价结果为异常及严重状态，且无法通过设备大修解决时，应进行设备技改。

6）经设备状态评估，无法继续使用和通过大修恢复的设备主要部件（如变压器套管、分接开关及冷却装置，断路器操动机构及套管等），应对其进行针对性设备技改。

7）设备在运行年限达到设备折旧寿命后，经设备状态评估，不适合继续服役且无法通过大修改善设备性能时，应进行设备技改。

（3）设备专业原则。设备专业原则主要分为七类设备类型，包括变电（含直流）设备及附属设施、架空输电线路及附属设施、电缆线路及附属设施、配电设备及附属设施、调度自动化和继电保护设备及附属设施、通信设备及附属设施、安保设备及附属设施，根据不同设备专业要求确定技改原则。

2. 大修项目立项原则

（1）总体原则。

1）坚持"安全第一、预防为主、综合治理"的方针，以国家、行业、地方有关方针政策、法律、法规为准绳，落实相关规定要求，以解决设备问题重点目标，确保电网安全稳定运行。

2）坚持围绕"三个有利于"，即电网设备大修后，应有利于提升电网安全稳定水平，有利于提升设备运行的可靠性，有利于提升电网经济运行水平。

3）坚持设备全寿命周期成本最优原则，在确保电网设备安全、可靠运行的基础上，从安全、效能、周期成本等方面统筹考虑，实现资产效益最优化。

4）坚持以设备状态综合评价为基础原则，从设备的安全性评价、隐患排查、状态评价、设备故障缺陷状况等因素统筹考虑，基于综合评价结果，优先考虑解决对人身安全、电网安全和设备安全造成严重隐患的突出问题。

5）坚持技术进步为导向，通过先进的智能化适用技术，提升电网设备的智能化水平。

（2）通用原则。

1）当设备不满足反措、规程要求或发现存在家族性缺陷时，应优先考虑设备大修。

2）设备的主要技术参数（额定电压、电流、容量、变比等）不再满足电网发展的需要时，应优先考虑通过更换部件的设备大修方式解决问题。

3）设备评价结果为异常及严重状态时，应优先考虑设备大修。

4）部分设备需要供应商提供专业服务时，应考虑设备大修。

5）当设备外壳、构架等存在锈蚀、风化的隐患时，宜开展相应的防腐处理。

（3）设备专业原则。设备专业原则主要分为七类设备类型，包括变电（含直流）设备及附属设施、架空输电线路及附属设施、电缆线路及附属设施、配电设备及附属设施、调度自动化和继电保护设备及附属设施、通信设备及附属设施、安保设备及附属设施，根据不同设备专业要求确定大修原则。

3. 技改大修立项建议

（1）形成技改大修项目需求。变电设备主人在遵循设备技改大修管理规定立项原则的基础上，将变电站"一站一库"等设备实际状态评价结果与设备专业反措和专项治理要求等的具体条款及内容相对应，形成技改大修需求储备库框架内的需求项目。变电设备主人参与编制储备项目时，编制人员依据储备项目评分方法完成储备项目评价打分，各级专业管理部门评审人员在储备项目审核过程中对项目评分进行审核，以便合理安排年度投资，优化资源配置，确保生产设备（设施）不影响电网的安全稳定运行。

1）技改大修储备项目评分。变电设备主人参与编制储备项目时，编制人员依据评分方法完成储备项目评价打分，各级设备专业管理部门评审人员在储备项目审核过程中对项目评分进行审核。

评价分别考虑项目需求的紧迫性、设备（设施）在电网内的重要性、资产使用寿命三个维度，其中紧迫性按照项目的隐患、缺陷、状态评价结果、反措、安措、发展要求等紧急程度进行评分；重要性按照安装位置、设备类别等重要程度进行评分；资产使用寿命根据设备运行年限以及项目是否利旧进行评分；加分项主要对项目新技术应用和投资回收期进行评分。

2）技改大修储备项目定级及标识。技改大修储备项目定级是指分专业、分单位依据项目评分将储备项目从高至低进行排序，划分为 A、B、C、D 四个级别（以下简称"储备级别"）。其中 A 级项目为关系安全生产，影响设备正常运行并需要抓紧实施的项目；B 级项目为提升设备健康运行水平，提高电网经济运行效益的基本项目；C 级项目为着眼长远发展，优化电网技术装备水平的提升项目；D 级项目为投入能力许可情况下可安排实施的富余项目。

考虑到项目的协调配合及停电安排等因素，除储备级别外，另根据需要对部分项目单独设置"优先实施"或"延缓实施"标识。其中"优先实施"包括因政策原因需要统一安排的项目和因对端配合等需加快实施的项目，如市政配套项目、用户配套项目等；"延缓实施"包括需停电实施但停电计划无法落实的项目，以及需与其他项目配合但对方不具备实施条件的项目。当项目实施条件发生变化时，应结合实际情况对标识进行修改。

根据上述项目定级及标识，按照"优先实施"＞A 级＞B 级＞C 级＞D 级＞"延缓实施"的项目优先级规则排序，进行项目可行性研究和项目实施。

（2）参与项目可行性研究。在经专业管理部门审定项目需求后，变电设备主人参与需求项目可行性研究。项目可行性研究是指对项目建设的社会、经济、技术等进行调研、分析和比较，综合论证项目实施的必要性、合理性以及先进性等，从而为项目决策提供科学依据。其成果包括"项目可行性研究报告"和"项目建议书"两种方式，简称"项目可研"。变电设备主人参与生产技改项目可行性研究，重点对项目的必要性、技术方案的可行性进行论证分析。

1）项目必要性论证分析。项目必要性论证分析主要包括安全性分析、效能与成本分析和政策适应性分析。

① 安全性分析。依靠变电设备主人，从设备可靠性和电网安全运行等角度，分析设备潜在存在的安全问题，例如设备运行年限、历史故障信息、状态检修情况及状态评价结果等，以此论证项目的必要性。

② 效能与成本分析。依靠变电设备主人，通过分析供电负荷情况、检修维护支出情况

和能耗情况等方面，评估设备能效、运行经济性等方面存在的不足，从提高供电可靠性、降低维修成本和适应电网发展等方面充分论证项目必要性。

③ 政策适应性分析。根据国家有关产业和技术政策规定，变电设备主人应从环保节能、供电可靠性、负荷增长等方面充分论证项目必要性，说明项目对象需要纳入淘汰或改造的某类设备政策依据。

变电设备主人根据以上三个方面分析，得出生产技改项目实施必要性结论。

2）项目技术方案的可行性分析。根据项目必要性分析结果和预期目标，通常提出两个及以上可选技术方案。变电设备主人应从安全方面、效能方面和设备全寿命周期成本三个方面进行技术方案可行性比选，选择综合指标得分最高的方案作为项目改造的实施方案。

① 安全方面。变电设备主人应突出不同的项目技术方案在消除电网安全风险和提升设备可靠性等方面的指标差异情况，对各技术方案对电网发展安全效益的影响程度进行论证和排序。

② 效能方面。变电设备主人应突出不同的项目技术方案在提升电能传输能力、设备利用率和节能环保等方面的指标差异情况，对各技术方案对电网发展的影响程度进行论证，并综合考量效能程度和适应程度后进行排序。

③ 设备全寿命周期成本方面。变电设备主人应关注不同的项目技术方案在一次性投资、设备使用寿命、设备故障停电损失和设备维护费用等因素的差异程度，全面分析比较，按照一次性投资、设备使用寿命内的故障停电损失和设备运维费用这三者年均费用之和进行排序。

6.3 典型实践案例

6.3.1 变电运检班组建设实践案例

1．某供电公司某运检站建设案例

（1）班组基本概况。某运维班一和某运维班二现管辖31座变电站，其中220kV变电站8座，110kV变电站23座，主要负责某市城北区域供电任务，共有员工42名，50周岁以上10人，40～49岁人员16人，30～39岁人员4人，30周岁以下12人。目前该区域人站比为1.35，至2025年该区域将新增2座220kV变电站和13座110kV变电站，在运维人员数量不下降的前提下，人站比降为0.91。

将某运维班一和某运维班二整合为某运检站，管辖范围保持不变，以220kV A变电站为基地，在220kV A变电站、B变电站设应急值班点，实施计划工作集中统一管理、应急处置分散响应。深化设备主人工作制，强化设备全寿命周期管理，实施运检一体作业项目，提升运检工作效率。

运检站设站长1名，职级职员2名，副站长2名，运检站由"设备主人班"和"变电运维班"组成，根据内部分工承担相应工作职责，运检站组织架构如图6-1所示。

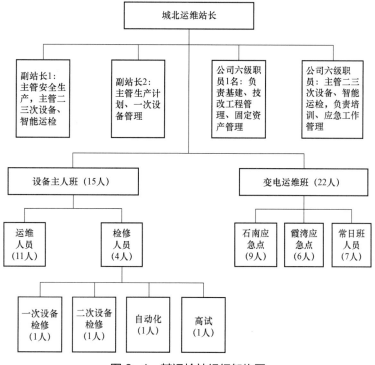

图 6-1　某运检站组织架构图

1）设备主人班：由原班组部分运维人员和变电检修一、二次及自动化人员共同组成，共计 15 人。其中检修人员 4 名，覆盖一次、自动化、继保、高试四个专业；运维人员 11 名，包括 3 名值长、5 名正值、3 名副值。

2）变电运维班：全部由原运维班人员组成，共计 22 人。其中，每日参与 24h 倒班人员 5 人，某运检站 3 人，运检应急点 2 人，运检站驻点集中管理常日班员共计 7 人。

（2）班组工作职责。

1）设备主人班：设备全寿命周期管理的落实者，承担检修过程监管、基建工程管控、常规消缺及 B/C/D 级检修、带电检测、设备状态异常分析及评价、生产计划及技改大修项目管控等业务；同时承担运维巡视、倒闸操作、设备维护、应急处置等工作职责。

2）变电运维班：主要负责常规倒闸操作、设备巡视、工作办理等业务，落实班组风险预控及保供电工作任务，参与所辖变电站的应急处置、事故处理等工作。

（3）班组建设方案。

1）运维业务融合。运维巡视业务融合：统一运检站内部巡视标准，作业人员合理搭配；运检站驻地采用"2+1"模式，即原某运维班一 2 人与某运维班二 1 人；运检应急点采用"1+1"模式，即原某运维班一 1 人和某运维班二 1 人；开展巡视作业时，交叉安排人员联合巡视。

倒闸操作、工作办理业务融合：针对单间隔设备停复役倒闸操作，交叉安排人员倒闸操作；大型综合检修和技改工程，班组协同作业人员联合开展现场踏勘，由设备熟悉人员进行操作，交叉人员进行辅助操作、布置安措、设备的验收及现场工作办理。循序渐进，所有人员逐渐具备运检站全部变电站倒闸操作、工作办理能力。

异常处置业务融合：针对电网风险、台风预警、保供电任务等可预见应急情况，运检站优先调用应急点值班人员前往处理，对于多点应急事件，按照应急备班表调用备用人员和网格化管理人员，保证事故处置的快速响应能力。

2）设备主人深化。计划统筹管理：总体负责运检站所有工作计划管理，编制上报管辖变电站各类作业计划，统筹协调计划、非计划性工作以及事故应急处置等。

设备全寿命管理：负责基建、改扩建工程管理，全面负责可研、初设、图纸审查、出厂监造、关键点见证、安装调试监管、现场验收、运维准备、启动投产等全过程管理；编制技改、集中检修方案、设备主人现场监管方案，负责集中检修现场的全过程监管，负责检修外包项目的全过程管控。

设备状态评价：负责变电设备专项督查，建立变电站设备的"一站一库"，开展变电站设备状态评价，负责设备周期管控。

设备带电检测：负责开展所辖变电站设备精准红外测温、开关柜局部放电检测等，建立变电站红外图谱库，编制检测异常报告并做好异常跟踪管控。

智能运检新技术：负责智能运检新技术、新设备等前期建设、调试和验收工作（如泛在物联网建设、机器人、辅控系统等），负责对运维班人员开展智能运检新技术的应用培训，反馈使用过程中发现的问题，不断完善功能，提出新的应用需求。

3）运检一体业务。承担所辖变电站内电气设备和辅助设备的日常运维、检修消缺、技术改造、应急抢修、反措落实等工作，总体上明确了三步走的目标：

① 第一步，承担 35kV 及以下设备检修及消缺任务；

② 第二步，承担 110kV 及以下设备检修及消缺任务；

③ 第三步，承担 220kV 及以下设备检修及消缺任务。

4）运检业务优化。结合当前变电站泛在物联网建设情况，优化变电运检工作模式，实现部分业务机器替代，开展单人运维、远程监管、远程许可等作业模式变革。

单人制运维：对具备条件的运维作业，依托作业人员安全管控系统、人像智慧识别系统及语音视频远程互动等，开展单人巡视、单人操作等单人制运维作业模式。

工作远程办理：拓宽远程许可工作范围，所有变电站第二种工作票及部分一种工作票采用远程许可方式。

作业远程监管：综合应用变电站作业人员安全管控系统、工业视频系统、巡检机器人、语音视频远程互动技术等，在确保现场安全作业前提下，实现工作远程监管。

5）人员轮换制度。设备主人班人员轮换。变电运维班与设备主人班人员之间开展轮换，周期为半年，最终实现 50 周岁及以下人员在设备主人班全覆盖轮岗。

运维检修人员轮换交流。设备主人班选拔青年骨干到变电检修室跟班学习，主要学习设备 C/D 级检修及继电保护、自动化设备消缺以及综合检修作业管理经验。变电检修室与变电运维室加强人员交流互换，目前两个单位已各派出 4 名业务骨干进行人员对调，变电检修室的 4 名专业人员为一次、二次、自动化、高试专业各 1 名，充实到某运检站从事运维检修工作，并负责运检一体业务培训。

（4）班组建设计划表。

1）筹备阶段。最大化利用 220kVＡ变电站原有基础设施，对办公室、员工办公工位等进行调整、改造，完善办公条件，尽可能满足人员日常生产生活需求；同步开展某办公楼 7 楼大班组基础设施建设方案及图纸设计，确定施工单位。

完成某运检站相关制度编制，明确人员岗位职责、安全职责、业务流程等。

组织召开某运检站试点建设启动会，宣贯公司强化变电运检专业管理思路和工作目标。

2）试点阶段。运维工作融合方面：通过开展内部培训、跟带学习，打破某运检站内部原有班组壁垒，可独立开展所辖设备巡视、第二种工作票办理等工作。进一步融合运维业务，通过监护人、操作人等交叉配对，设备主人班、变电运维班所有人员熟悉所辖站点设备，具备变电站倒闸操作、运维巡视等变电运维专业技能水平和工作资质、正值及以上人员具备所辖设备独立开展事故异常处理能力。

设备主人深化方面：通过开展工程项目前期监管、大型检修作业监管、生产计划需求以及带电检测等设备全寿命管理工作，完成各类管控标准执行卡编制，初步形成标准化管控机制。

运检一体化方面：设备主人班运维人员通过集中轮训、跟班练兵等方式熟悉继电保护、自动化及 35kV 及以下电压等级单间隔设备消缺、C/D 级检修作业流程。

3）深化阶段。运维工作融合方面：通过近半年融合，实现所有运维人员具备独立开展运维工作能力，完全打破原班组间壁垒。

设备主人深化方面：设备状态异常分析及评价、生产计划及技改大修项目编排独立完成，技改、基建等工程全过程管控等设备主人管理工作切实落地。在已经部署作业人员行为管控系统变电站全面开展单人运维、远程工作办理和作业远程监管。

运检一体化方面在所有人员熟悉检修业务流程基础上，试点开展继电保护、自动化类设备消缺及检修业务，设备主人班具备运维、检修双重资质，开始承担 35kV 及以下设备检修及消缺任务。随着所有人员技能水平的不断提升，设备主人班所有人具备检修工作班成员资质，具备运维、检修双重资质，全面开展 110kV 及以下一次设备、继电保护、自动化类设备检修及消缺业务。

4）提升阶段。设备主人深化方面：某运检站在独立完成生产计划、技改/大修项目储备基础上，具备独立开展变电站综合检修、整体改造等大型作业施工方案的编写并参与项目监管能力。

运检一体化方面：某运检站所有员工完成运维、检修岗位轮换，均具备运检一体工作技能，取得运维、检修双重资质，独立开展辖区 220kV 及以下一次设备、二次及自动化设备日常检修、消缺、抢修任务。

5）推广阶段。市区范围内，全面总结某运检站建设经验，以 110kV 某新变电站变为驻点，组建城东运检站。县公司范围内，重点优化整合某公司运维班，试点开展大班组运作模式。

（5）班组建设保障措施。

1）思想保障。关注员工思想动态，涉及的部门和单位领导应积极与员工沟通，及时了解其思想动态，引导员工树立正确观念。了解员工的实际困难，设身处地为员工排忧解难。对业务推广过程中员工普遍反映的问题，努力落实解决方案，真正赢得员工对推广工作的支持。

2）制度保障。明确设备主人班和变电运维班职责，合理安排班组长分工，选拔班组安全员、资料管理员、后勤管理人员、工会小组长协助班组长开展班组管理；修订班组管理制度，明确班组纪律，完善绩效考核制度，建立完整的管理模式和工作流程，提高班组执行力和凝聚力。

3）安全管控。在运检一体化业务推广实施过程中，变电运维、检修单位技术管理部门在运检一体工作中给予运检站技术支撑，注重新开展业务的作业流程和项目管控，严格控制安全风险，规范执行运检一体工作任务。

4）技能培训。梳理作业安全职责界面，充分协调工学矛盾，合理安排各项工作，试点建设初期，部分人员需脱产集训，安全生产压力有所增大。相关部门应根据安全承载能力合理安排工作，加强工作过程中的安全监管，确保安全生产平稳过渡。

5）激励措施。变电运维单位内部通过二次分配，对设备主人班从事变电运检业务人员进行奖金激励，公司在落实奖金总额上予以倾斜。

6）后勤保障。充分利用 220kV A 变电站现有设施，对办公环境和生活设施进行改造，满足运检站日常工作需求。班组长及应急点人员在运检应急点小食堂就餐，其他人员就近利用公司其他食堂就餐或统一配餐。

7）车辆保障。某运检站共配置工程车 7 辆，驾驶员 10 人，运检站驻点及 220kV B 变电站应急点各配置工程车 1 辆 24h 值班，其余 5 车辆在 220kV A 变电站参加常日班集中统一管理，每日 6 名驾驶员在岗。根据班组工作需求，需调配 10 人以上工程车 2 辆以满足常日班工作需求。

2. 某供电公司 ZF 变电运检班建设案例

（1）班组基本概况。某供电公司正式组建 ZF 变电运检班，该运检班为某供电公司第二个运检班。从变电检修单位选调 12 名检修人员，同原变电运维单位的两个运维班 40 名运行人员，共同组建 ZF 变电运检班，该班组归属变电检修单位管理。

ZF 变电运检班现有五大专业，分别为运维、继保、检修、试验及远动专业。所有原变电检修室选调的 12 名检修人员都要选择运维专业作为第二专业，原运维班 40 名运行人员，按检修各专业人数需求比例选择第二专业。

ZF 运检班自成立起，逐步推进大班组制整合。

1）通过培训人员技能，打通原 ZF 和虎象运维班人员资质，工作范围拓展至班组所辖各变电站。

2）实现原两个运维班的调度相关业务统一由 ZF 运检班接管，并完成生产管理系统、调度发令系统、可靠性系统等生产系统的组织机构调整。

3）实现大班组合署办公，班组各类工作统一出口，班组的生产计划、工作安排、后勤保障等各项工作，均以 ZF 运检班为整体统筹开展。

4）推进少人值班模式，为应对一线人员的紧缺，同时满足运维检修日常和应急业务需求，ZF 运检班目前实施"5 + N"的运检值班模式，后续逐步建立"3 + N + X"的值班模式，X 为应急备班人员和待班人员。根据生产任务、天气情况等因素，灵活调整值班模式。

（2）班组技能培训。ZF 运检班人员技能培训按照两个阶段三个维度进行：第一阶段集中轮训，共 3 个月，开展集中轮训；第二阶段实战练兵，共 9 个月，在实践中提高运检技能；三个维度分别是运维人员学检修、检修人员学运维和新员工学运检。对每个大型项目的集中实训和每个零星项目的分散实训都进行计划、实施、评估闭环管理，期望经过一年的实训，班组能独立开展工程实施，第二专业人员能相对独立开展工作。同时为提升变电运检班第二专业实训效果，促进第二专业人员尽快成长，变电检修单位定期测试以季度为周期，测试内容分安全、技能两个部分，以标准化作业为主，由部门管理组织实施，以达到督促、检查运检班第二专业人员实训效果的目的。

ZF 运检班还结合各个大中型工程，分批次锻炼运检人员，开展设备状态评价、检修过程管控等业务，让运检人员在实战中精进技能，结合基建技改工程，开展运检一体设备主人关键点见证，进一步提升对设备的认知水平。具体培训内容如下：

1）110kV 甲变电站二次改造工程，工程的实施管控由 ZF 班管理人员负责，具体施工过程以第二专业人员实施，第一专业监管、把关为主，在安全完成生产任务的同时，也兼顾推进了班组的业务融合和技能培训，取得了很好的效果。

2）110kV 乙变电站全站二次改造工程，在 110kV 甲变电站改造工程的经验基础上，ZF班将延续前期固化的管控模式和作业模式开展工程施工，在安全完成生产任务的同时，也将兼顾业务融合和技能培训，持续推进 ZF 班的运检一体实训工作。

3）开展运检人员季度技能测试，并完成季度第二专业技能考核工作。本次考核所有运检员工均通过理论考核，部分员工成绩优秀，第二专业理论水平显著提高。

4）变电检修室组织开展大一次检修（主变压器、断路器等）、大二次检修（继电保护、自动化）专业培训工作，培训老师由工区一次和二次专家担任，通过此次专项培训，进一步提高运检人才第二专业理论水平，强化第二专业实操技能。

（3）班组保障机制。为提升运检班组设备主人工作积极性，建设并实施运检一体激励机制。

1）实施运检岗薪激励，根据运维检修双专业资质等级，每月获得固定数额的岗薪激励。

2）实施运检专项工作激励，由运检一体融合奖励和运检工作量奖励构成，每月根据工作业绩积分灵活浮动。运检一体融合奖励是用于奖励在运检工作中，运检人员全程参与设备运维和检修作业各环节的一种实效明显作业方式。按照运检一体化工作的难度，总体分为一般、中等和复杂三个等级，分别对应不同工作业绩积分。运检工作量奖励主要根据班组运检人员每月从事的实际工作量进行奖励，根据工作票、操作票、工程负责、缺陷消除、值长工作等方面进行统计。

3）增加设备主人工作的非物质奖励，将设备主人工作情况作为员工评先评优、通道人才聘任、专业技能等级鉴定、岗位晋升等的重要参考依据。

6.3.2 设备消缺及 C/D 级检修技能培训实践案例

某变电站变某 4P11 线 B 相避雷器泄漏电流异常处置案例

（1）设备概况。某变电站某 4P11 线避雷器型号为 Y10W5-200/520W，泄漏电流表型号为 JCQ-3T，初始泄漏电流为 0.5mA，重要值 0.6mA，危急缺陷值 0.7mA。避雷器生产日期 2007 年 3 月，投运日期 2008 年 4 月，上次检修日期 2017 年 3 月。

（2）事件经过。5 月 7 日下午，运检人员在某变电站巡视时发现某 4P11 线 B 相避雷器泄漏电流达到 1.17mA，超过初始电流 2 倍，如图 6-2 所示。

图 6-2 某 4P11 线 B 相避雷器泄漏电流表指示

随着变电设备主人及变电运检一体化工作的稳步推进，运检人员的"设备主人"理念日渐深化，发现并汇报相关异常情况后，立即开始现场分析和处置工作。

运检人员查阅近 3 个月的避雷器巡视结果，发现某 4P11 线 B 相泄漏电流值均为 0.45mA，最近一次巡视时间是 4 月 25 日，没有逐步变大趋势。

1）避雷器泄漏电流超标有多种因素影响，其中环境因素、表计指针卡涩、表计内部故障，避雷器瓷套表面污秽，以及避雷器本体内部异常等是主要因素。

2）现场天气阴，空气湿度低于 80%，且该避雷器表面瓷套安装有屏蔽环，泄漏电流受环境与瓷套表面污秽影响较小，基本可以排除以上因素。

3）运检人员戴上绝缘手套采用短接线将避雷器表计对地短接，避雷器泄漏电流值归零，断开短接后泄漏电流又恢复到 1.17mA，排除避雷器表计指针卡涩可能。

4）运检人员首先利用红外精测仪对某 4P11 线避雷器三相开展精测工作。根据五通关于红外热像检测细则避雷器红外精测标准温差正常情况下不大于 0.5～1℃，对比表 6-3 三相测温结果确认 B 相温度处于正常范围。

表 6-3　　　　　　　　　　　　　　某 4P11 线避雷器红外精测分析报告

相别	红外图像	温度（℃）	结论
A	最大值 = 23.5 最大值 = 23.6	23.5/23.6	正常
B	最大值 = 23.4 最大值 = 23.9	23.1/23.1	正常
C	最大值 = 23.1 最大值 = 23.1	23.4/23.9	正常

5）运检人员随后使用避雷器阻性电流测试仪对某 4P11 线避雷器开展带电检测工作，测试结果显示某 4P11 线避雷器全电流 I_{xa}（泄漏电流）A 相 0.525mA、B 相 0.473、0.483mA，与泄漏电流初始值 0.5mA 相近。同时与历年数据对比阻性电流峰值 I_{xp}、补偿角 ϕ 和各次基波值（I_{r1p}、I_{r3p} 等）均无明显变化，具体检测数据如图 6-3 所示。

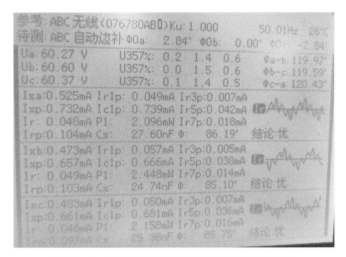

图 6-3　某 4P11 线避雷器阻性电流测试结果

综上所述，避雷器本体未见异常，大概率为泄漏电流表故障。现场运检人员具备表计更换资质，并具备较丰富的工作经验，按作业规范更换泄漏电流表后，泄漏电流指示恢复正常。全部工作仅用 4h 就圆满完成本次异常分析和处置工作。

（3）总结分析。通过本次主设备 D 级消缺工作可以看出，得益于变电设备主人及变电运检一体工作的持续推进，"设备主人"理念在一线逐渐落地扎根，运检人员责任心不断增加，主动作为快速消除异常。

6.3.3 设备生产计划编制实践案例

1. 甲供电公司变电运维室设备主人参与设备生产计划编制案例

甲供电公司变电运维室设备主人以周期性检修计划为基础，根据设备主人的建议与具体实施点运维人员的承载力，精准平衡年、月、周生产计划及具体实施计划。

（1）对年度生产计划编制。变电设备主人以"一站一库"及设备状况评价报告为依据提出设备计划停电需求。在检修部门提出周期性检修计划或重点检修设备及项目主管部门基建、改造计划基础上，设备主人根据"设备状况评价报告"，提出结合停电需补充的检修、整治项目；同时，提出需要提前进行检修的设备，提交相应变电运检专家团队。2017 年度安排 2 名设备主人团队成员参与了年检修计划的收资和编制、平衡工作。设备主人团队成员通过梳理现有"遗留缺陷清单""精益化检查问题汇总""专项督查问题清单"等各类设备遗留问题清单，并根据上级部门下发组织开展的各类专项反措排查情况，梳理出了关于 220kV 设备维护需求方面的停电计划需求，共计 118 条，并根据问题情况注明轻重缓急提供作为公司生产计划安排支撑材料，如表 6-4 所示。

表 6-4　　　　　某公司设备主人编制检修计划需求

序号	工作地点	变电站电压等级(kV)	停役母线	检修间隔	设备类型	检修内容	电压等级(kV)	需求来源	检修依据	生产指挥中心审核意见	专业审核意见	检修单位反馈意见	备注
1	跃新变	220	220kV 正母线	220kV 正母间隔		预试超周期	220		预试周期				
2	跃新变	220	220kV 正母线	220kV 正母间隔	构支架	220kV 正母间隔构支架避雷针除锈加固		精益化	精益化管理				
3	跃新变	220	220kV 副母线	220kV 副母间隔		预试超周期	220		预试周期				
4	跃新变	220	220kV 副母线	220kV 副母间隔	构支架	220kV 副母间隔构支架避雷针除锈加固		精益化	精益化管理				
5	跃新变	220	—	220kV 母联开关	断路器	西门子断路器 OM3 时间继电器反措	220	反措	省公司反措				
6	跃新变	220	220kV 旁路母线	220kV 旁路开关	断路器	西门子断路器 OM3 时间继电器反措	220	反措	省公司反措				

续表

序号	工作地点	变电站电压等级(kV)	停役母线	检修间隔	设备类型	检修内容	电压等级(kV)	需求来源	检修依据	生产指挥中心审核意见	专业审核意见	检修单位反馈意见	备注
7	跃新变	220	—	待用2YX1	断路器	西门子断路器OM3时间继电器反措	220	反措	省公司反措				
8	跃新变	220	—	跃海2435线	断路器	西门子断路器OM3时间继电器反措	220	反措	省公司反措				
9	跃新变	220	—	跃塘2430线	断路器	西门子断路器OM3时间继电器反措	220	反措	省公司反措				
10	跃新变	220	—	#1主变	变压器	#1主变消防回路改造	—	技改	无主变消防回路				
11	跃新变	220	—	#2主变	变压器	#2主变消防回路改造	—	技改	无主变消防回路				
12	跃新变	220	—	跃齐1226线	断路器	跃齐1226线开关机构大修，缺陷处理	110	设备缺陷	一般缺陷				
13	跃新变	220	—	跃齐1226线	电压互感器	跃齐1226线线路压变本体注油孔处渗油缺陷处理	110	设备缺陷	一般缺陷				
14	跃新变	220		跃齐1226线		预试超周期	110		预试周期				
15	跃新变	220	110kV副母线	110kV副母压变	电压互感器	110kV副母压变C相底座锈蚀烂，电缆外露，缺陷处理	110	设备缺陷	一般缺陷				

（2）对月度生产计划平衡。设备主人参与月度计划设备现场踏勘，提出检修工作重点；结合设备主人的承载力分析，共同参与确定月度实施计划；同时，统筹安排本站的带电检测、设备消缺、维护等工作，提高运维质量和效率。

（3）对周生产计划工作内容动态补充。设备主人根据设备实际情况，动态提出周生产计划中待检修设备需最新纳入检修工作的内容，提交变电运检专家团队讨论确定。

以各部门周生产工作计划为基础，每周五召开计划平衡会，统筹各单位、部门计划管理、细化承载力分析，合理安排下周各项检修、监护、基础运维等工作，并将人员培训、抽调、集中办公等工作纳入计划管理，细化工作安排，将每项工作具体落实至个人，并实施看板管理，确保新模式下人员的科学合理安排，提高专业管控能力。

2. 乙供电公司设备主人参与设备生产计划管控案例

（1）组建计划编制工作网，强化计划的龙头作用。为进一步加强生产计划管理，充分发挥变电设备主人优势，更好地开展变电设备主人生产计划编制工作，切实做好"应修必修、修必修全"，全面提升计划的龙头作用，乙供电公司主管部门成立了变电设备主人生产计划编制工作网络。

（2）检修内容收资。设备主人计划编制网络人员开展计划收资工作，主要针对 220kV 变电站，针对变电站设备检修周期、精益化问题清单、缺陷清单、专项督查及隐患排查问题清单、反措、基建及市政工程年度投产或改造计划等六个方面。其中基建工程及年度投产、开工项目已包括 110kV 及以上的工程和项目。

（3）设备主人参与生产计划。在周期性设备检修计划的基础上，运维团队结合设备主人的针对性建议、运维人员的承载力，参与协调平衡各阶段生产计划及具体实施计划。

1）参与年度生产计划编制。在检修部门提出的周期性年度检修或重点设备检修及项目主管部门提出基建、改造实施计划的基础上，运维专业团队根据"设备状况评估报告"，按照"一停多用"原则，提出结合周期性检修等停电机会需要补充的检修、整治项目；提出需考虑提前检修的设备或变电站建议；同时考虑合适的运维承载力，提交主管部门合理编制确定年度计划。

2）参与月度生产计划平衡。运维专业团队与设备设备专人共同参与列入月度计划的变电站前期现场踏勘，提出检修重点建议；结合运维承载力分析，确定月度实施建议，提交主管部门协调；同时统筹安排本班组巡视、操作、带电检测等维护工作，提高运维质量和效率。

3）动态提出周生产计划工作内容补充。根据设备最新情况，动态提出周计划中相应检修设备需同步纳入检修工作的内容，提交主管部门协调实施。

4）合理调整检修计划或建议。根据设备评估报告，改变常规的检修模式，调整检修计划。如在 110kV 某变电站年度综合检修计划安排，因变电检修实施 C 级检修的标准化、模块化管理，检修计划安排往往按正常的逻辑思维，按先 1 号主变压器、再 2 号主变压器的顺序进行停电检修，然而运维人员掌握了 2 号主变压器 10kV 开关柜存在轻微发热这一不良运行状况，在 1 号主变压器停役时，由于运行方式调整及负荷的变化将会加剧 2 号主变压器 10kV 开关的发热，可能造成设备故障，甚至引起停电事故。在设备主人的要求及建议下，检修人员及时修订了停电检修计划。

（4）加强对零星作业计划管控。针对日常星零检修和消缺作业，设备主人根据停电时间和范围，结合班组承载力和变电站设备状况，在检修时间、检修范围内可以结合停电的工作，向检修单位提出相应的时间要求和检修内容要求，切实达到"一停多用"的效果。

6.3.4 设备技改大修项目管控实践案例

1. 110kV 某变电站综自改造工程设备主人监管

（1）工程概述。110kV 某变电站由于二次设备运行时间长、运行状态差，导致系统缺陷频发，已严重影响运行加之备品备件短缺，因此需对某变电站进行全站综合自动化改造，提高供电可靠性。工程计划于 11 月 15 日～12 月 20 日，工期为期 36 天。110kV 某变电站综合改造工程共涉及 2 个项目，分别为 10kV 配电装置改造和 110kV 某变电站综合自动化改造。

（2）工作内容及工程进度。

1）10kV 配电装置改造（保护部分）。本期更换 10kV 开关柜面板共 40 面：其中 10kV 出线开关柜面板 28 面，10kV 电容器开关柜面板 4 面，10kV 分段开关柜面板 1 面，10kV 接地变压器开关柜面板 2 面，10kV 分段隔离柜面板 1 面，10kV 母设柜面板 2 面，10kV 主变压器开关柜面板 2 面。10kV 线路和母分断路器均采用 PSL641U 保测装置，10kV 接地变压器采用 PST645U 保测装置，10kV 电容器采用 PSC641U 保测装置，10kV 备用电源自投采用 PSP641U 装置，其工作进度如表 6-5 所示。

表 6-5　　　　　　　　　　10kV 配电装置改造（保护部分）项目进度

主要工序	说明	日期
设备进场安装（3d）	10kV 就地保测装置进场安装（共 40 块面板）	11 月 18 日～11 月 20 日
装置配线（7d）	10kV 开关柜二次电缆接线	11 月 29 日～12 月 5 日
装置调试（3d）	35kV 就地保护单间隔装置调试	12 月 6 日～12 月 8 日
相关试验（2d）	保护装置带开关传动试验	12 月 9 日～12 月 10 日
工区验收整改（1d）	由秀东变电运检室组织现场验收，并对提出的问题进行整改	12 月 15 日
配调验收整改（1d）	由配调组织现场验收，并对提出的问题进行整改	12 月 18 日
二次电缆封堵（1d）	10kV 开关柜二次电缆封堵	12 月 18 日

2）110kV 某变电站综合自动化系统改造。拆除屏 6 面，分别为 1 号主变压器测控及保护屏、2 号主变压器测控及保护屏、备用电源自动投入装置屏、110kV 母分开关及线路测控屏、主机屏、UPS 及变送器屏。

新上屏 8 面，分别为 1 号主变压器保护屏、1 呈主变压器测控屏、2 号主变压器保护屏、2 号主变压器测控屏、110kV 线路及内桥测控屏、备用电源自动投入装置屏、母设及公用测控屏、10kV 交换机屏。本期新上屏柜除 10kV 交换机屏在 10kV 开关室外均布置在主控室内。

利旧屏 19 面，分别为故障录波屏 1 面、远动屏 1 面、电能质量及 ERTU 屏 1 面、所用电屏 3 面、直流屏 4 面、电度表屏 1 面、消弧线圈控制屏 2 面、CAC 屏 1 面、通信屏 3 面图像监控屏 1 面及电力数据网屏 1 面等 19 面屏。

本期按照现场实际情况，重新布置二次接地网，在主控室 4 根接地铜缆分别接入 4 根接地引上线，引至主接地网。110kV 某变电站综合自动化改造项目进度如表 6-6 所示。

表 6-6　　　　　　　　　　110kV 某变电站综合自动化改造项目进度

主要工序	说明	日期
电源隔离（1d）	断开原 1、2 号主变压器保护测控屏、备用电源自动投入装置屏、某 1236 线、某 1391 甲支线、母分开关、电压切换装置交直流电源	11 月 15 日
旧电缆拆除（3d）	拆除所有 1、2 号主变压器保护测控屏内的旧电缆；拆除所有主控室至 1、2 号主变压器端子箱的旧电缆；主控室至 110kV 开关室 1 号主变压器及某 1236 线间隔、2 号主变压器及某 1391 甲支线间隔旧电缆；拆除所有主控室至 10kV 开关室 I、II 段间隔旧电缆	11 月 16 日～11 月 18 日

主要工序	说明	日期
倒屏立屏（1d）	拆除 1 号主变压器测控及保护屏、2 号主变压器测控及保护屏、备用电源自动投入装置屏、110kV 母分断路器及线路测控屏、主机屏、UPS 及变送器屏，1 号主变压器保护屏、1 号主变压器测控屏、2 号主变压器保护屏、2 号主变压器测控屏、110kV 线路及内桥测控屏、备用电源自动投入装置屏、母设及公用测控屏、10kV 交换机屏等新屏的立屏及固定	11 月 19 日
电缆施放（3d）	主控室至 35kV 开关室所有长电缆施放；主控室至 1、2 号主变压器端子箱所有长电缆施放；主控室至 10kV 开关室所有长电缆施放；1、2 号主变压器及 35kV 母分断路器的短电缆施放；网线及光纤等通信线施放	11 月 20 日～11 月 22 日
屏内接线（8d）	主控室内保护屏侧接线工作及主变压器端子箱接线	11 月 23 日～11 月 30 日
保测装置调试（13d）	1、2 号主变压器保护装置调试、110kV 备用电源自动投入装置、公用测控、1 号主变压器测控、2 号主变压器测控、某 1236 线、某 1391 甲支线、110kV 母分测控单装置调试工作、全站联调	12 月 1 日～12 月 13 日
接地网的制作（5d）	二次等电位接地网的制作	11 月 26 日～11 月 30 日
后台完善（6d）	自动化后台信息完善；110、10kV，主变压器间隔包括至后台，集控站，地调的遥信、遥控、遥测；110kV 电流互感器极性变比；110、10kV 配电装置二次通流试验	12 月 9 日～12 月 14 日
验收整改（1d）	组织现场验收，并对提出的问题进行整改	12 月 15 日
信号核对（4d）	与调度的遥信、遥控、遥测核对	12 月 15 日～12 月 17 日
防火封堵（1d）	主控室及 110kVGIS 汇控柜二次电缆封堵	12 月 17 日
验收整改（1d）	主管部门组织现场验收，并对提出的问题进行整改	12 月 18 日
防火设施安装（4d）	10kV 开关室及 10kV 电容器室上方桥架防火设施安装	12 月 17 日～12 月 20 日

（3）现场问题及解决措施。

1）工程设计问题。

① 10kV 保护测量装置无法正常分、合闸。施工过程中按照施工图接线，调试时 10kV 断路器保护测量装置控制电源送上后，断路器只能合、分一次，无法再次合闸。分位时保护测量装置跳位灯不亮，同时报控回断线。拆开 TWJ 监视回路和合闸回路之间的短接，断路器可以正常分、合闸，但分位灯不亮。经与设计沟通，断开 1n6x15 和 1n6x14 的短接，将断路器分闸位置接入 TWJ 监视回路，装置恢复正常。10kV 开关柜有 35 台保护测量装置需要更改接线，工作量较大，为工程进度带来一定的拖延。

② 110kV 合位与跳位灯常亮。某变电站 110kV 开关机构内的分合闸线圈内阻小于 TWJ 和 HWJ 继电器，装置上电后 TWJ 和 HWJ 同时励磁，操作箱上分合闸灯同时亮。经与设计沟通做两处改进：一是取消 HWJ 回路与跳闸回路的短接，在 HWJ 回路串入断路器合闸位置接点；二是取消 TWJ 回路与合闸回路的短接，在 HWJ 回路串入开关分闸位置接点。现分、合闸指示灯已恢复正常。

③ 110kV GIS 间隔两路控制电源冲突。110kV 汇控柜内有一路控制电源，设计在出图时

在新屏内又加入一路控制电源，两个控制电源并联，与设计沟通后，取消屏内的控制电源，继续使用汇控柜内的控制电源。

2）设备隐患问题。

① 交流串入主变压器保护的开出板。在故障录波器接入 1 号主变压器电量保护动作信号时，在即将接入的电缆芯上量出 30 多伏交流电，这根电缆另一端接在主变压器保护的插件 15。拔下插件 15 后交流电依然存在，经排查插件 15 里有一路交流电为有载调压的闭锁回路，拉开所用电屏上有载调压开关电源的交流空开后，串入的交流消失。

② 110kV 汇控柜电流回路存在开路风险。在二次通流时，把某 1236 线汇控柜上的电流切换开关切换到 C 相时，电流表指示为零，电流回路开路。某变电站 110kV 汇控柜上的电流表运行时间较长，内部接点接触不好，存在开路风险。经与设计沟通，已取消汇控柜上的电流表。

3）设备调试问题。

① 一次通流。某变电站高压侧为 GIS 设备，不能对 TA 直接进行进行极性测试，若差动回路 TA 极性接反，带负荷时更改难度较大。为了确认 TA 极性，组织了一次通流试验。试验过程中选择两个电流注入点，第一个注入点为主变压器高压侧套管引线，通过桥断路器和另一路 110kV 线路接地开关构成一个电流回路，第二个电流注入点为主变压器低压侧，单独通主变压器 10kV 断路器。主变压器高压侧套管 TA 通过电流互感器极性测试仪可以测出极性。通过两次通流试验得到的 TA 极性如下。第一套保护差动回路满足要求，第二套保护高低压侧极性接反（高压侧使用主变压器套管 TA），不满足差动要求。现场已在主变压器本体端子箱将 TA 的二次抽头重新接线，现已满足差动要求。

② 两台远动装置程序不兼容，增加了调试周期。此次某变电站综合自动化改造工程两个后台机、一个远动机、两台测控采用国产芯片。此次某变电站安装 2 台远动，一台为国产芯，另一台非国产芯。2 台远动装置程序不兼容，需要分别配置调试。在远动机上的工作量相当于以往的两倍，为此次工程增加了一定的压力。

4）现场安全管控方面。

① 此次综合自动化改造，110kV 某变电站全站停电，所用 110kV 进线和 10kV 出线线路接地开关处于合闸位置，10kV 线路电缆头已拆除并短接接地，隔离所有站外高压来电风险，每日安全交底时告诫施工人员禁止分 110kV 线路接地开关。

② 站内交直流系统此次不在改造范围内，正常运行，站内交流电源来自第三电源。为防止第三电源失去影响交直流系统，将第三电源开关柜门上锁，并悬挂"禁止分闸"标示牌，每日安全交底时告诫施工人员禁止触碰第三所用电闸刀。

③ 在电缆层有两个 10kV 电缆转接箱，箱内电缆带电。为防止施工人员在电缆层放置二次电缆和通信网线时误碰，将电缆转接箱上锁，并在周围设置硬遮拦，悬挂"止步，高压危险"标示牌，每日安全交底告诫施工人员禁止触碰电缆转接箱，在电缆层工作时派专职监护人现场监护。

④ 拆除电缆时为防止误拆，需先确认所拆除的电缆两侧所有芯线均已全部拆除，对芯后方可将旧电缆抽出。

5）工程协调方面问题。

① 某变电站所有的设备均在室内，工程中包含孔洞封堵及主变压器本体喷漆等项目，产生了较浓的具有刺激性的气体，对技改施工人员带来较大的健康隐患，建议以后此类工程放到最后施工。

② 前期踏勘应加强对远动和后台遥测量的核对，本工程中发现 1 号电容器、2 号电容器与 3 号电容器、4 号电容器电流互感器测量绕组极性相反，王塘 540 线和其他 10kV 线路的测量绕组极性相反，110kV 间隔的测量绕组极性与规定的反向，如果前期踏勘发现这些问题，可以在工程中直接整改，大大减少后期的工作量。

（4）工程总结。110kV 某变电站综合改造工程历时近 36d 后工程顺利竣工，此次综合改造工程涉及自动化、继电保护、一次等多专业配合。中心挑选 3 名青工共同组成技改小组参与此次技改工程。技改小组将理论与实际结合，在工程中奋战一线，常驻工程现场，实时整改因早期设计所导致的一些隐患。技改小组严格按照施工方案里的时间节点有序推进各项工作，确保了此次工程的顺利投产。

第 7 章

智能运检建设及应用

7.1　智能运检业务介绍

7.1.1　机器人业务介绍

现如今，经济社会不断发展，全社会对用电量的需求连年提升，变电站的数量也随之不断增加。作为电力系统的重要组成部分，变电站的安全、稳定对整个社会各方面的发展都具有至关重要的作用。一旦发生变电设备故障，导致各类停电事故，那么必将严重影响经济社会的发展，甚至在信息高度发展的今天，对国家安全造成威胁，因此必须严格保证变电设备的安全可靠。而在这样的背景之下，仅仅依靠传统的人工巡检方式显然已经无法满足电力系统的发展，亟须一种更加先进的巡检方式，此时，以"机器代人"为特点的采用"变电站智能巡检机器人"进行巡检的方式便逐步进入了人们的视野。

1. 机器人基本组成部分

机器人主要分为户内机器人和户外机器人两种。

（1）户外机器人的组成部分主要包括变电站智能巡检机器人本体、本地监控端、远程集控端、充电房、环境信息采集系统、机器人通信基站等。

1）变电站智能巡检机器人本体指的是能在变电站内部对设备进行自动巡检的装置，主要具备移动、通信和检测等模块。

2）本地监控端主要由计算机、通信设备等硬件及客户端、数据库等软件组成，用于实现对机器人的监控、任务下达及巡检结果的查询和储存。

3）远程集控端与本地监控端相似，也是由计算机、通信设备等硬件及客户端、数据库等软件组成，区别在于其可通过网络远程控制运维班所辖其他各变电站的本地监控后台，实现对所辖各变电站机器人的远程监控、任务下达及巡检结果的查询和储存。

4）充电房提供机器人补充电能的场所。

5）环境信息采集系统由温、湿度传感器和风速仪等组成。

6）机器人通信基站用于传输机器人和本地监控端间的数据信息。

（2）户内机器人的组成部分主要包括机器人本体、轨道、通信供电系统和监控后台等。

1）机器人本体主要由运动、控制、测量等部件组成。

2）轨道用于机器人的横向运动。

3）通信供电系统用于对机器人进行充电和实现机器人与后台的通信。

4）监控后台与户外机器人本地监控端相同。

2．机器人基本功能

（1）户外机器人基本功能主要有可见光巡检功能和红外巡检功能两大类。

1）可见光巡检功能。机器人装备了可见光相机，可以获取设备的外观状态、分合指示和表计读数等信息，经识别后通过通信网络传送至本地监控端。

2）红外巡检功能。通过红外成像测温仪，对设备进行测温，并将测温结果以图像和数据两种形式通过通信网络传送至本地监控端。

（2）户内机器人基本功能主要有可见光巡检、红外巡检、超声波和地电波巡检等功能。

1）可见光巡检和红外巡检功能与户外机器人相同。

2）超声波和地电波巡检功能通过超声波检测仪和地电波检测仪对设备进行检测，并将监测数据通过通信网络传送至监控后台。

7.1.2 工业视频业务介绍

变电站工业视频是电网智能化、安全生产所需要的重要技术支持手段。随着电网的不断发展，变电站无人值班以及变电运行集中监控等电网运行模式的推进，工业视频的重要性更加突出。工业视频需要能够实时监控到变电站各间隔的设备外观、各类分合指示、表计压力等，全面掌握变电站内运行工况。

1．工业视频基本组成部分

工业视频按组成设备可分为前端设备、传输设备、终端设备。

（1）前端设备主要指各种摄像机。

（2）传输设备指有线和无线传输通道。

（3）终端设备主要是指监控后台、图像和视频处理、储存设备，例如硬盘、服务器等。

2．工业视频基本功能

工业视频可以对变电站现场环境、人员情况、设备状态等进行实时监控，全面提升变电站的安全管控水平，可实现多路监控、视频录像、检索回放、云台与镜头控制、数据储存、日志管理等系统功能，具有重大的应用价值。工业视频组成示意图如图7-1所示。

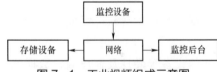

图7-1　工业视频组成示意图

在实际应用中，可实现以下几方面的功能：

（1）日常运维方面可以作为无人巡视的重要技术手段。

（2）事故处置方面全面记录变电站内工作过程以及事故从发生到处置全过程，为工作及事故处理提供远程指导，可为变电设备故障分析提供事故现场的图像追索资料。

（3）检修监管方面。辅助现场作业的安全监管。

（4）其他方面。能够为电网各级应急管理部门提供变电所实时视频信息，为更好地指挥决策提供直观信息，是生产管理信息系统的一个组成部分，在日常生产管理工作中领导和专责可以实时对现场远程分析。

7.1.3　无人机业务介绍

由于电网规模的不断壮大，对电力系统的可靠性要求也在日益提高。作为保证系统安全稳定运行的重要手段——变电设备巡检，也更加智能化。目前变电所内的巡检方式主要包括人工巡检、机器人巡检、工业视频监控及各类辅控设施等。其中，人工巡检主要针对主设备运行状况、各类表计抄录、监控后台光字告警情况进行巡检；机器人主要负责一次设备的测温及各类表计识别，与人工巡检互补，可进行差异化巡检，减轻运检人员巡检压力；工业视频负责部分重要场所与设备外观的实时监控；辅控设施主要对室内温湿度、空气中 SF_6 含量、空调运转情况等进行监控。

目前的巡检方法受变电设备高度等限制，还存在着不足之处，而无人机巡检由于飞行高度较高，视角更广阔，不受设备高度限制，能够覆盖地面巡检死角，帮助运检人员更加全面地掌握变电设备运行工况。同时，相较于常规人工登塔巡视，巡检效率也大大提升，并减少了安全事故发生率，降低人工劳动强度。

1. 无人机基本组成部分

无人机是作为一种空中无线遥控的飞行设备，变电站无人机具有机身小、绝缘强度高等特点，主要组成部分包括动力系统、导航系统、任务载荷系统、地面站系统、发射与回收系统、智能库房系统等。

（1）无人机动力系统。无人机动力系统是无人机的能量源泉，主要由螺旋桨、电动机等组成，是无人机实现飞行的基础功能。

（2）无人机导航系统。无人机导航系统是无人机的方向指引，是其实现安全飞行的重要保障。

（3）无人机任务载荷系统。无人机的任务载荷系统主要包括录像机、红外成像仪和紫外监测设备等，分别用于可见光检测、红外检测和紫外检测。

（4）无人机地面站系统。无人机地面站系统主要包括控制台和显示器、摄像设备以及遥信遥测设备、信号处理设备、内部/外部通信设备、地面数据终端控制设备等。

（5）无人机发射与回收系统。无人机发射与回收系统主要为了保证无人机的重复使用，是无人机能否飞起来执行任务的关键。

（6）无人机智能库房系统。无人机智能库房系统为无人机的库存、充电、维修等提供了专门的场地。

2. 无人机基本功能

（1）日常巡视。无人机可对变电站内线路、避雷针、线路门架等设备进行常规性巡检检查，巡检时根据线路运行情况、检查要求，可进行可见光和红外巡检，可对线路、线夹、绝缘子、避雷针、线路门架、建筑物及变电站周围情况进行巡检，检查内容包括线路是否断线、是否有异物，线夹是否松脱，绝缘子是否破损、污秽，避雷针是否松动等。

（2）特殊巡视。无人机还可在鸟害频发的季节，对易在变电站门架上鸟类筑巢情况进行特殊巡检；在树木、竹林等生长旺盛季节，及时发现威胁变电站的树木、竹林等；在气温干燥容易引发山火地段，有效监控森林火灾的风险。

（3）故障巡视。当出现设备故障时，无人机可根据相关信息对重点区域进行重点检查，迅速、精确地定位故障点，判断故障类型，为故障处置提供帮助，大大提高了故障处置的效率。

7.2 智能运检建设及应用业务实施

7.2.1 机器人建设业务实施

机器人具体业务实施主要包括机器人安装、调试、验收、运行维护等方面。

1. 户外机器人安装

户外机器人安装主要包括安装方案审查和施工监管两部分。

（1）安装方案审查。开工前，设备主人需要与运检管理单位和施工单位开展现场踏勘，确定各类设施的安装位置，明确设备电源接入方案、巡检辅助道路规划设计、全站设备巡检点位等需求，选择合适型号并确定相应的巡检路线。

施工单位根据现场踏勘结果和设备主人及运检管理单位要求，绘制机器人巡检路径图、土建施工图、电缆走向图等相关图纸，编制安装方案，提交设备主人及运检管理单位审核，对于不足的部分设备主人应提出相应整改意见。

安装方案的主要内容应包括型号选择、监控后台安装、充电房安装、环境信息采集及通信基站安装、巡检道路浇筑、电源接入方案及电缆走向等方面。

1）巡检机器人型号选择。巡检机器人应具备自主完成各类巡检的功能，应具备高精度的红外测温仪和可见光相机以获取红外测温图像和可见光图像、标记读数，及所在运行环境数据，并将数据上传至监控后台；应具备自主定位导航功能和躲避障碍的功能；电池的电量应能满足所在变电站的巡检需求，一旦出现电量不足，应能自主返回充电房充电。

2）监控后台安装。监控后台应满足设备主人日常工作需要，一般安装在主控室，后台应具备机器人管理、任务管理、实时监控、巡检结果确认、巡检结果分析、用户设置、机器人系统调试维护等模块，用于实现设备主人对巡检任务下达、巡检结果确认、巡检报表查询、实时画面查看、机器人远程控制等功能。户外机器人当地监控后台如图7-2所示。

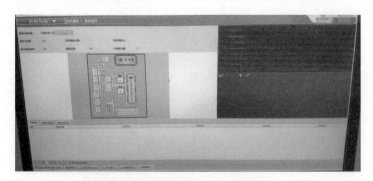

图7-2 户外机器人当地监控后台

3）充电房安装。充电房应满足机器人充电及无巡检任务时的停放需求，充电房的位置应与运行设备保持足够的安全距离。通常情况下，机器人充电房占地面积约 2～4 平方米，材料可采用镀锌板框架，输入电源采用 220V 交流电源。机器人可自动开启、关闭充电房门，并与内置充电座配合完成全天候自主充电，如图 7-3 所示。

4）环境信息采集及通信基站安装。环境信息采集用于实时监测采集变电站现场气象数据，并通过网络将气象数据实时回传至机器人监控后台供设备主人查看。通信基站用于实现巡检机器人车载端与当地监控后台之间的双向数据传输。

5）巡检辅助道路建设。为尽可能实现对巡检点位的全覆盖，通常需增加巡检辅助通道，如图 7-4 所示。

图 7-3　户外机器人充电房　　　　　图 7-4　机器人巡检辅助通道

6）电源接入方案及电缆走向。电源接入方案及电缆走向应满足安全可靠要求，电源开关配置满足回路级差要求。

（2）施工监管。设备主人应对机器人的安装开展全过程管控，主要包括以下几个方面：

1）制定设备主人施工监管方案。机器人的安装应严格按照安装方案执行，在机器人安装施工过程中，设备主人应全程参与管控。为实现设备主人全过程管控，推进变电设备主人管理模式，提升安装工程安全质量、效率，根据安装方案同步制定设备主人现场监管方案。设备主人监管方案包括编制说明及编制依据、组织结构及职责分工、工程概况、项目全过程管控措施、施工过程管控措施、项目验收等内容。

2）严格履行工作票制度，工作票制度是保证安全的重要组织措施，工作票签发人、工作许可人、工作负责人、专责监护人和工作班成员在工作票签发、许可、执行和终结过程中各自履行相应的安全职责。

3）应检查施工单位是否具备相应的资质，施工人员应经安规考试合格，经批准备案并书面公布后方可进入现场作业。

4）应加强巡检机器人现场土建施工现场的安全管控，若现场存在不规范作业行为，需立即制止并纠正。

5）要加强安全文明施工，施工材料、工器具等应由运检管理单位指定地点存放，不得随意放置，现场施工过程中要保持变电站内环境卫生，施工完成后需将施工产生的垃圾清理干净。

6）施工过程应做好原有道路、草坪等周边环境设施的防护工作，对施工中损坏的变电站原有道路、草坪等，施工单位应尽量做到恢复原貌。

2. 户内机器人安装

户内智能巡检机器人通常安装于变电站的户内开关室、GIS 室和继电保护室，采用固定轨道，可对设备进行可见光、红外、局部放电等巡检，并将巡检数据传输到变电站监控后台。

（1）安装方案审查。与户外巡检机器人安装方案审查相似，安装方案的内容稍有区别，主要包括巡检机器人型号选择、监控后台安装、动力、控制及通信系统安装、轨道布置与安装等方面。与户外机器人安装方案一样，安装方案应由厂家提出，并经设备主人、运检部等多方审查，方案应满足变电站现场的实际情况，对于不满足要求的部分设备主人应提出相应整改意见。

1）巡检机器人型号选择。巡检机器人应能实现各类巡检功能，应具备高精度的红外测温仪、可见光相机以及超声波和地电波检测仪以获取红外测温图像、可见光图像及局部放电数据，上传至监控后台；应具备自主驱动、控制和防撞功能。

2）监控后台安装。监控后台同户外机器人监控后台。

3）动力、控制及通信系统安装。户内机器人动力系统采用的是 220V 交流电源，通常从户外充电房里配电箱内取电至控制箱。控制箱输出电源接入轨道滑触线，供户内机器人用电。控制及通信箱安装：机器人系统对通信系统、供电系统进行了集成，将配电装置、通信装置布置于控制箱中，在为轨道进行不间断供电的同时，通信信号可全覆盖机器人运行区域。

4）轨道布置及安装。机器人运行轨道是指根据开关室、继保室或 GIS 室的实际结构与设备布局，部署在开关室柜体上端的滑轨，提供给机器人的运动轨道。一般轨道与柜体保持足够的距离，整体铺设成直线形或 U 形，以满足巡检需求，如图 7-5 所示。

图 7-5　开关室轨道布置实物图

（2）施工监管。同户外机器人安装施工监管。

3. 机器人调试

调试前，应由施工单位制定相应的调试方案，并经设备主人审核通过。

（1）巡检点位设定。巡检点位应尽可能满足全覆盖的要求，由于设备原因巡检无法覆盖的点位，设备主人应协助施工单位提出解决方法，可以采用加装反光镜、调整表计朝向等方式提高巡检设备覆盖率。确实因特殊原因无法覆盖的，应提交专业管理部门评估并出具相应联系单。

（2）巡检路径优化。机器人安装调试过程中，还应根据现场实际情况不断优化巡检路径，以满足巡检点位采集要求。

（3）调试过程管控。设备主人应根据变电站现场实际情况，全过程参与和监督施工单位的安装调试过程，协调解决机器人安装调试过程中产生的各类问题。机器人调试结束后，施工单位应向设备主人和运检管理单位出具调试报告，内容包括机器人基本功能介绍、巡检点位及巡检设备覆盖率、机器人巡检数据与人工巡检数据对比情况、调试存在的问题及整改措施等。

4. 机器人验收

设备主人应严格按照有关标准，全程参与机器人验收。

（1）验收内容及标准。机器人智能巡检子系统的验收内容，主要包括但不局限于技术资料完整性、网络信息安全性、技术性能指标达标率、监控系统实用率、系统施工建造质量可靠性、系统售后服务能力、系统巡检覆盖范围和设备表计识程度。

（2）验收流程及要求。机器人的验收流程主要有施工单位自验收、设备主人预验收、试运行和设备主人复验收四个阶段。

1）施工单位自验收。施工单位应根据事先签订的有关协议，在机器人施工、安装、调试环节，开展自验收工作，并出具自验收报告提供给设备主人。

以室内机器人为例介绍，其土建验收项目主要包括以下几点：

① 厂家施工设计方案和竣工图纸是否齐全。

② 厂家设计变更说明，一式两份（含修改后的安装说明）。

③ 机器人施工是否按照设计方案进行。

④ 机器人导轨应该平整，导轨布置按照室内设备布置情况及巡视路径进行优化（即巡检距离最小）。

⑤ 机器人导轨选择在室内顶端敷设，轨道、支架安装位置距开关柜的水平距离和垂直距离应该考虑变电站原有设备布局，不影响原有设备正常使用和检修作业。

⑥ 开关室母线桥处的轨道安装应考虑母线检修需求，可方便拆卸和安装。

⑦ 机器人轨道的安装位置高度与开关柜水平距离满足机器正常巡检工作的要求。

⑧ 机器人通信电源箱安装位置、安全技术、标识标牌等应满足运行单位要求。

⑨ 机器人导轨、电源箱等各部件连接牢固、螺栓紧固可靠无松动。

⑩ 新立机器人交换机、视频存储器设备屏柜标准、尺寸、颜色需与变电站原有屏柜保持一致。

⑪ 应保证文明施工，对原有设施造成破坏的应及时恢复。

⑫ 轨道建设需满足室内设备的全覆盖，存在扩建可能的变电站轨道设计和施工一次完成。

⑬ 轨道支架安装打孔不影响设备房间防水，不存在屋顶穿孔等情况。

⑭ 机器人施工过程中需保持站内环境卫生，施工完成后需将施工产生的垃圾清理干净。

2）设备主人预验收。设备主人应在收到施工单位申请后及时开展预验收。预验收标准主要包括对性能指标、本地监控后台、远程集控后台、巡检覆盖率和表计数字识别率等的验收，检验机器人是否符合产品技术文件和工程设计要求，并出具预验收报告。并向施工单位提出整改要求。

3）试运行。在设备主人预验收完成后，机器人需开展为期不少于一个月的试运行。试运行结束后，应及时形成试运行报告，并提交设备主人。

4）设备主人复验收。设备主人复验收主要通过审阅历时巡检数据信息，设置执行临时巡检任务、现场测试机器人运行状况等方式对巡检机器人的运行管理、巡检报表、控制后台、设备功能等进行验收，并出具复验收报告。施工单位根据设备主人提供的复验收报告进行复查整改，并向设备主人和运检管理单位反馈整改情况。

以上各流程验收过程中，各级验收方应依据验评价表进行验收，并完成验收报告，验收过程应全程录像，并存档，机器人各项指标应满足验收评价表要求，机器人对变电站设备的覆盖率、表计识别率均应满足要求，机器人网络信息安全验收应同步开展。

5. 机器人运行维护

（1）机器人运行维护要求。

1）机器人巡检内容。机器人巡检主要有以下四种类型：

① 例行巡检：针对变电站内各类设备、表计及变电站运行环境等开展的可见光巡检。

② 全面巡检：指在例行巡检的基础上，增加红外测温项目。

③ 专项巡检：指单一种类变电设备巡检。

④ 特殊巡检：对缺陷设备开展的巡检。

2）机器人巡检周期。已完成机器人验收的变电站，需定期开展机器人的巡视工作，每周至少完成一次针对站内所有设备的全面巡视（可见光＋红外巡视）。

3）机器人运行维护要求。

① 本站机器人的运行维护内容应写入专用规程。

② 机器人的运行维护应指定专人负责。

③ 设备主人应做好机器人相关台账记录。

④ 设备主人应定期开展机器人的运行分析。

⑤ 机器人的运行、使用情况应纳入交接班。

⑥ 设备主人应根据每个变电站实际，专门制订巡检计划。

⑦ 除红外测温应在夜间开展外，其余巡视应在白天开展。

⑧ 在机器人正是投入运行后，可适当降低人工巡检频次，逐步实现机器代人。

⑨ 在变电站开展新改扩建、土建施工、设备检修时，需及时调整机器人巡检任务范围，工程结束后及时恢复正常巡检方式。

⑩ 机器人发生故障时，应及时恢复人工巡检。

（2）机器人维护管理要求。

1）机器人维护工作应纳入日常运维管理。

2）应定期检查机器人网络安全情况。

3）应定期对机器人进行全面检查，包括机器人监控系统运行状况、巡视通道状况、充电房状况等，并将记录留档。

4）机器人的质保期从预验收结束起算共三年，期间厂家需定期对机器人进行维护。

（3）系统异常处理要求。

1）巡检设备异常处理。机器人发现设备异常、发出告警信息后，设备主人应及时对有关情况进行确认核实。

① 对严重及以上等级缺陷的设备报警信息，设备主人应及时到现场进行复核，并根据复核情况上报上级管理部门；

② 对一般缺陷的设备报警信息，应安排设备主人使用机器人对设备缺陷进行定期跟踪巡检。

2）机器人异常处理。机器人发生异常时，运检管理单位应及时开展维保工作。

① 机器人发现异常后，设备主人及时联系设备厂家进行消缺，机器人厂家在 24h 内给出消缺意见，并于 72h 内完成消缺。

② 机器人消缺时需使用第二种工作票，并保存一年。

（4）机器人档案管理要求。机器人应纳入档案管理的文件主要包括以下几个方面：

1）机器人安装、调试、验收、运检管理等相关制度文件。

2）机器人出厂合格证、产品说明书、操作手册、维护手册、型式试验报告、出厂试验报告、设计施工方案、安装调试报告、竣工图纸、交接验收报告、设计变更说明（含修改后的安装说明）、系统台账、检修记录等资料。

3）机器人巡检路线图、点位图及各类表单文件。

（5）机器人培训管理要求。设备主人应熟悉机器人结构和原理，掌握机器人运行维护管理要求及巡检操作技能。运检管理单位应定期开展机器人相关培训，培训内容应包括运行维护管理要求、机器人巡检操作、异常处理等。

7.2.2　工业视频建设业务实施

工业视频具体业务实施主要包括工业视频安装、调试、验收、运行维护等方面。

1. 工业视频安装

（1）安装方案审查。开工前设备主人需与运检管理单位和施工单位开展现场踏勘，确定监控后台及每个摄像头的安装位置，并选择合适的摄像头型号，以确保对变电站各重点区域的全覆盖。

施工单位根据现场踏勘结果和设备主人及运检管理单位要求，绘制土建施工图、电缆走向图等相关图纸，编制安装方案，提交设备主人及运检管理单位审核，对于不足的部分设备主人应提出相应整改意见。

工业视频监控后台一般选择变电集控站和运检中心的生产电脑，便于设备主人及相关负责人及时掌握变电站现场的实施情况；摄像头的安装位置、可实现的功能以及预置位的要求需满足相关规定，需最大范围地监控设备情况，室内摄像头兼顾房间正门作为人员进出室内的辅助监控，摄像头监控画面不准离开设备、不准对着墙角、天空、屋顶等。具体要求如表 7-1 所示。

表 7-1　　　　　　　　　　　　　工业视频摄像头安装要求

序号	安装位置	摄像头实现功能	预置位要求
1	主变压器	监视外观、油位、风扇状态	对准主变压器表计较多的一侧，监控主变压器全景
2	220kV 设备区	监视外观、隔离开关分/合状态，场地电器设备完好状况，兼顾断路器分/合状态	监控设备区断路器、隔离开关位置，重点是主变压器断路器、母联开关等
	110kV 设备区		
	35kV 设备区		
3	室内：开关室、电容器室、继电保护小室、主控室、站用电室、通信机房	监视室内运行环境及设备状态	对准设备全景，兼顾房间大门以监控人员进出
4	主控通信楼一楼门厅	出入变电站人员辅助管理	监控主控楼大门
5	全景（鹰眼）	全天候监视变电站全景	放在变电站内最高的场所，以保证视野
6	红外对射装置或电子围栏	变电站防侵入安全监视	

（2）施工监管。设备主人应对工业视频摄像头的安装实行全过程管控，具体管控措施参照机器人。

2. 工业视频调试
（1）摄像头安装位置应尽可能覆盖全部重点区域，清晰度满足要求。
（2）摄像头应可实现远程控制对焦、画面放大、缩小、角度旋转、预置位设定等功能。
（3）监控后台需具备画面切换、多画面同步展示、录像查询等功能。
（4）设备主人应全过程参与和监督施工单位的安装调试过程，协调解决机器人安装调试过程中产生的各类问题。工业视频调试结束后，施工单位应向设备主人和运检管理单位出具调试报告，内容包括工业视频基本功能及使用方法介绍、调试存在的问题及整改措施等。

3. 工业视频验收
设备主人应严格按照有关标准对工业视频进行验收，并形成验收报告，施工单位根据设备主人提供的验收报告进行复查整改，并向设备主人和运检管理单位反馈整改情况，验收的主要内容有以下几个方面：
（1）工业视频技术性能要求。
1）主要功能要求。工业视频应对变电站内全部一、二次设备以及部分关键设施进行全天候不间断图像监控，实现对变电站内部及周围环境，一、二次设备外观，设备状态等信息的实时监控。通过监控后台控制整个系统，工业视频可以与远方的监控单位通过电力专网进行图像数据传输，实现对变电站现场的远程监控。

2）图像储存回放功能。工业视频可以拍摄照片并储存画面，并可实现自动录像功能，单次录像可持续时间应大于一个月，且视频录像可正确存储分类管理，方便相关人员进行事件查询。

3）设备控制功能。

① 通过电力专网，调控中心、生产指挥中心等单位可实时监控变电站现场画面，并可实现画面的实时切换。

② 值班人员经监控后台从远方或现场监视变电站设备，并通过软件实现任意摄像头的上下左右旋转、画面放大缩小。

③ 对操作人员进行权限管理，严格管控变电站内摄像头的控制权限，避免操作人员同时控制同一摄像头。

④ 操作人员能够远程遥控工业视频各类前端设备，包括角度控制云台、镜头焦距、镜头清洁装置等可控设备。

⑤ 能够在变电站现场或远方对变电站作业现场进行安全布防，可自主指定布防策略，也可按照系统已经设定好的策略自动布防。

4）远方配置功能。可以实现工业视频远方参数配置，远方遥控摄像头参与或退出报警范围，以及手动远程监视重点区域等功能配置。

5）远程巡视。

① 根据变电站运维人员需求实现巡视功能，巡视范围能覆盖到站巡视、特殊巡视等巡视范围，可按照设备、安防、特殊要求进行巡视。

② 应具备手动巡视和自动巡视两种模式。

③ 远程巡视录像应实时保存。相关人员可以通过时间段、巡视人员等关键词进行检索，最终锁定录像内容。

6）自动对时要求。工业视频应具备完善的自动对时功能，并且全站时间同步，时间来源统一，应支持 SNTP 或 IEC 61588。

（2）工业视频接地要求。遵循"单点接地"原则，整个工业视频不需要配置单独的接地网，但应当有专用接地汇集点，连接于主接地网上的某个点，从而消除整个工业视频的地电位差。工业视频相关设备，包括机箱外壳、电缆屏蔽层等均应当可靠接地，接地线独立。

（3）工业视频抗干扰要求。变电站内摄像机所处电磁环境极为复杂。视频电缆、控制电缆、电源电缆并行排布，极易受到高压设备产生的静电影响与电磁干扰。尤其是视频接口、通信端口等部位受到的影响最大。设备应当在出厂时具备电磁干扰屏蔽、防静电击穿、防浪涌等保护功能，在一次设备出现过电压或短路电流时工业视频硬件设备不会损坏。相关抗干扰功能应当在产品说明书等材料中明确解释，证明其可以在复杂电磁环境下正常运行。

1）按照工业标准设计工业视频的硬件设施，在强电磁环境下能够正常运行。

2）工业视频所有硬件均配置看门狗电路，自动处理程序异常状况。

3）摄像头采用铝合金电磁屏蔽护罩，采集数据经 DSP 高效处理。

4）工业视频数据采集与码转换环节采用数字滤波电路，过滤干扰信号。

5）硬件设施采用三防设计（防水、防火、防尘）。

（4）工业视频的过电压保护要求。工业视频的设备接口应当安装抗雷击保护电路、过电压保护电路。

以上各流程验收过程中，各级验收方应依据验评价表，依次验收，并按变电站填写验收报告，验收过程应全程录像并存档，工业视频各项指标应满足验收评价表要求，对全站一、二次设备的覆盖率满足相关要求，工业视频网络信息安全验收应与工业视频验收同步开展。

4. 工业视频运行维护

设备主人应熟练掌握工业视频的使用方法，并能开展日常运行维护，具体包括以下内容：

（1）监控后台的画面显示应具备多画面监视、手动及自动实时调整、字幕叠加等功能。

（2）工业视频应支持远程对云台和摄像机进行控制，包括云台转动、预置位设置、雨刮器控制、手动及自动调焦等。

（3）录像与录像播放功能，工业视频采用分区域分散录像的方式配置录像设备，支持当地录像存储为主，集中录像存贮为辅的录像方式，可自动覆盖或停止录制，实现定时自动录制、手动控制录制和报警触发录制，录制文件应能实时保存，自动分类，并具备可检索性；录像存储方式包括光盘、电脑硬盘、服务器网络存储等方式，并可以通过主流视频播放器进行播放，并支持录像信息下载功能，供设备主人查询。

（4）工业视频前端具有自我诊断功能，异常时迅速向设备主人发出报警信号。

（5）工业视频各设备时间同步，接收同一时间源的时间信息。

（6）变电站可配置红外摄像机，用于夜间监视。

（7）采用 2 台以上计算机作为值班员工作站，并具备以下功能：

1）发生事件时，可以实时切换事件区域摄像画面。

2）能遥控镜头移动，控制雨刷动作，调整辅助光源。

3）可以实时调阅任一摄像头画面。

4）监控画面上显示摄像头的安防状态，并可以控制摄像头加入或退出安防体系。

5）监控画面上可以实现多摄像头画面显示。

6）能查询报警状况和记录。

7）能对历史视频进行管理。

（8）监控后台应具备对所管辖的变电站进行语音、视频对讲和语音扩声广播功能，变电站应配备语音或多媒体对讲终端以及扩声设备等。

（9）设备主人应对监控视频主机进行检查。项目包括主机电源是否正常运行、主机操作是否准确顺畅、系统日志是否完整。相关故障信息及告警信号应当及时处理。

（10）设备主人应定期在监控画面上进行摄像头检查，具体内容包括图像是否清晰、有无遮挡、摄像头信号是否正常、拍摄角度是否正确等，对发现的异常情况及时处理并记录。

（11）设备主人需定期抽查监控视频智能分析得到的数据，与现场实际读取的数据进行对比，杜绝智能工业视频分析错误。

7.2.3 无人机建设业务实施

无人机具体业务实施主要包括无人机机巢安装、土建、调试、验收和运行维护等方面。为认真贯彻省市公司设备主人制深化实施的工作要求，提升变电运检管理水平，设备主人全程参与无人机建设的各个过程，对无人机的相关建设实现从可研到运行全过程的管控，贯彻履行设备主人的相关责任。

1. 土建管理要求

（1）前期相关工作。首先，由设备主人与施工单位开展现场踏勘，结合实际情况，确定无人机机巢的安装位置及相关电缆的铺设规划，明确电源的相关要求和接入方案，确定无人机的巡检方式和通信方式，全站设备巡检点位等要求。

其次，踏勘结束后，设备主人需让施工单位根据现场踏勘结果和运检管理单位要求提供，无人机机巢的土建施工方案图、电缆走向图及巡检路线图，将相关资料进行整理，提交相关部门进行审核。

（2）系统设计审核管理。运检管理单位组织召开设计审查会，对施工单位提交的无人机相关材料进行审查，并提出修改意见。主要审核内容有以下几个方面：

1）巡检路线应在保证与设备足够安全距离的情况下做到对适用范围内设备全覆盖，确保其飞行稳定性和抗电磁干扰能力。

2）无人机的通信方式确定，有条件情况下提供有线上网口；无条件情况需满足安装位置有良好的 4G 网络信号。

（3）现场施工相关要求。

1）施工单位应具备相应的资质，施工人员应经安规考试合格，经批准备案并书面公布后方可进入现场作业。

2）施工单位应对现场施工质量和施工安全负责，施工前认真做好测量、放线编制重点部位，重点部位的作业要由专业技术人员知道和质量控制措施等。

3）配电箱内电源空开/漏保都需满足级差要求。

4）设备运至施工现场需对开箱质量进行检查巡检辅助道路应尽量与原有道路相匹配。

5）对施工过程中所使用的电缆和电器设备必须有相应的产品合格文件。

6）因为机巢与无人机安装在变电站内，并在保安室门外灭火器防护范围内，确定不额外增加灭火器。

2. 无人机的安装

无人机的安装主要从机巢部署、无人机选型、后台部署、航线规划和气象站等方面进行详细阐述。一般 AIS 220kV 变电站可将巡检区域划分为 220kV 区域、110kV 区域、主变压器区域、35kV 区域。巡检类型包括红外测温和可见光巡检，主要包含设备本体、套管、接头的温度和设备仪表、状态等指示（特殊位置的除外）。

（1）机巢部署。对变电站无人机巡检专用机巢进行部署，遵循以下部署原则：

1）考虑到机巢质量较重，为了方便部署，机巢不适宜部署在相对位置较高的地方，如楼顶。

2）为了尽量降低环境对无人机起降的影响，机巢不能部署在风口处。

3）机巢在部署时需要布线、取电，因此机巢部署的位置需方便取用电。

4）为了保证机巢及无人机的正常使用，机巢部署的位置需具备良好的网络及 GPS 信号覆盖，机巢部署区域上空及周围无遮挡，如图 7-6 所示。

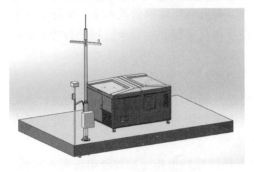

图 7-6　无人机机巢布置图

（2）无人机选型。变电设备巡检无人机机身对角尺寸应不大于 500mm，便于狭窄通道航拍，同时兼顾拍摄像素、飞行稳定性和抗电磁干扰能力等特点。

1）定位系统：可以做实时差分，获取更精准的定位信息，实现变电站巡检无人机的厘米级高精度定位及抗电磁干扰。

2）避障传感器：无人机配置视觉避障模块，可实时检测无人机与周围目标物的距离并设置避障安全阈值，可有效保障无人机飞行作业安全。

3）丰富的预留接口：飞行器尾端支持各种常见的如 USP 接口和对外电源接口等。

4）丰富二次开发接口：兼容 Payload SDK、Onboard SDK、Mobile SDK 等可进行二次研发和定制化研究。

（3）后台部署。部署管控平台后端应用，分布式数据库，缓存无人机近期采集数据，建内部网络，完成调度管理平台和机巢无人机之间的数据通信

（4）航线规划。为满足无人机的巡检要求，应对无人机的航线进行规划。

利用采集到的点云信息和设备台账关联后的设备坐标模型，通过无人机变电站三维航线规划软件，在综合考虑多方面影响因素（飞行安全、作业效率等）等的基础上，可实现设备精细巡检和通道巡检全自动的航线规划，输出高精度地理坐标的航线规划成果以供多旋翼无人机智能、安全、高效地开展变电站无人机自动巡检。

巡视航线初步规划后，系统会模拟飞行并进行安全检查审核。航线复测流程如图 7-7 所示。

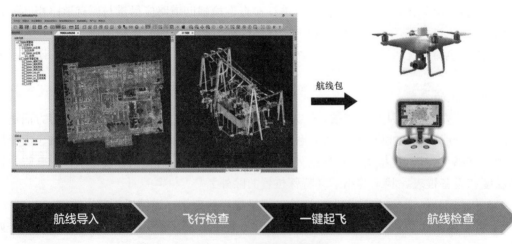

图 7-7　航线复测流程图

（5）气象站。气象站安装于机巢附近，但不能影响无人机的正常起降，气象站在实施无人机巢基础时，在机巢基础东北角处预埋地笼（地笼公司已配），地笼 4 个螺栓高出机巢基础 200mm。将内径 65mm、高 2m 的不锈钢杆与地脚螺栓连接，并将各传感器不锈钢杆顶部。

设备主人在选址铺设及电缆走向等环节均全程参与，扫清以后相关工作的盲点，做好设备建设方面的管控。

3. 调试管理要求

设备主人在无人机调试阶段应与调试人员积极沟通，熟悉无人机的相关运行方式。

（1）系统相关要求。前端产品的选择能够充分保障整个系统能在全天候不间断地安全运行。

1）整体系统实行操作权限管理，按工作性质对每个操作人员赋予不同权限，平台登录、操作进行权限查验。

2）巡检点位应尽可能满足全覆盖的要求。

3）整体系统保存的重要数据，具有不可删除和不可更改性。

4）整体系统软件具有较强的容错性，不会因误操作等原因而导致平台出错和崩溃。

5）应采用全中文图形化界面。

（2）巡检点位设定。变电站具有设备结构复杂、分布密集的特点，巡检点位应尽可能满足全覆盖的要求，采用无人机进行巡检，充分发挥无人机飞行高度较高，视角更广阔，可以近距离全方位对变电站设备进行拍摄的优势，拍照点选择重点针对人巡肉眼不好观察的地方或机器人巡视巡检不到之处，弥补当前变电站巡检盲区，以此实现变电站巡检视角全覆盖。其巡视的点位一般通过云采集，运用绝对坐标增加点位精准度保证电晕数据的质量。

（3）巡检路径优化。无人机的巡视航线一般是通过利用采集到的点云信息和设备台账关联后的设备坐标模型，通过无人机变电站三维航线规划软件，在综合考虑多方面的因素（如天气情况、安全距离、巡查路径等）后，实现设备精细巡检和通道巡检全自动的航线规划，输出高精度地理坐标的航线规划成果以供无人机进行自动巡检。

在调试过程中，应不断地对航线进行复测，根据现场的实际情况不断地对航线进行优化，从而满足无人机巡检时对点云数据采集的要求。

（4）调试过程管控。设备主人全程参与和监督施工单位的安装调试过程，对于无人机安装调试过程中的各类问题进行收集整理，提交相关部门进行解决无人机安装调试完毕，施工单位应向运检管理单位出具调试报告，内容包括无人机基本功能介绍、无人机巡检数据与人工巡检数据对比情况、调试存在的问题及整改措施等。

4. 验收管理要求

设备主人做好关键环节的把控和监管，主要验收要求如下几个方面。

（1）设备验收。无人机主要验收内容包括设备完整性，机体、动力装置、遥控分系统、遥测分系统等分系统结构完备；文件资料完整性，包括设备清单核对（包括备品备件和必要文件资料），型式试验报告、出厂试验报告；外观质量检验，系统施工建造质量可靠性，技术性能指标达标率等。

（2）各个流程环节要求。无人机的验收流程主要有施工单位自验收、运检管理单位预验收、试运行和交接验收四个阶段。

1）施工单位自验收。施工单位在经过前期基建和调试后，应先进性自验收并出具相关的验收报告。

以无人机为例，因其主要的基建设施为无人机智能库房建设。其验收项目主要包括以下几点：

① 库房选址整体地形相对比较平坦；

② 变电站内尽量避开高楼和危险区域；

③ 机库应平坦坚固，避免低洼；

④ 变电站可以提供满足要求的稳定供电电源；

⑤ 智能库房结构、硬件满足设计要求；

⑥ 具备完备齐全的温湿度、消防、报警辅助设施和功能；

⑦ 服务器 CPU、内存、网络磁盘均满足运检要求；

⑧ 按规定提交完备的功能验收资料，包括经过批准的验收申请单、验收资料清单、通过评审的阶段工作交付件、相关的资料；

⑨ 智能管理平台具备智能管理无人机库存功能。

2）运检管理单位预验收。运检管理单位应在收到施工单位申请后及时开展预验收。按照验收方案对系统的硬件及机体及相关部分和智能库房基建，设备的巡检性能，施工建造质量和可靠性及巡检数据的分析结果进行验证，确保无人机的整个施工过程和产品运检数据符合原先的设计要求，同时对现场发现的问题要求施工单位进行整改，出具预验收报告后及相关问题整改完成方可进入下一阶段。

3）试运行。预验收完成后，无人机进入试运行阶段，其中试运行时间不少于一个月，试运行结束后应整理相关资料形成报告。试运行阶段无人机各项指标完好无其他异常情况，方可进入下阶段的验收。

4）交接验收。交接验收主要开展各项功能和技术要求确认工作，并出具验收报告。施工单位根据提供的交接验收报告进行复查整改，并向运检管理单位反馈整改情况。

以上各流程验收过程中，各级验收方应依据验评价表，逐个项目、逐台设备验收，并按变电站填写验收报告，验收过程应全程录像，并存档，无人机各项指标应满足验收评价表要求。

5．巡检管理要求

本次无人机的无人机，机身小，考虑飞行续航及定位精准度，未搭载红外测温摄像头，仅具备可见光巡视功能，本次无人机自主巡检功能建设中将巡视类型分为三类：例行巡视、全面巡视、特殊巡视。巡视周期，例行巡视每 3 天一次，全面巡视 1 个月一次，特殊巡视根据需要安排。

根据设备自身硬件设施及参考变电站相关设备管理规定，设备主人团队结合厂家说明对其巡视内容和运行中的安全注意事项及保证飞行的技术措施进行相关要求如下。

（1）巡视内容。通过无人机可以对站内相关户外一次设备如站内线路、避雷器、避雷针等设备进行常规巡视。可巡检项目如表 7-2 所示。

表 7-2   无人机进行变电站常规巡检项目

设备	可见光检测
线路	断线、断股、异物悬挂
线夹	松脱
绝缘子	闪络迹象、破损、污秽、异物悬挂等
避雷针	法兰、螺栓锈蚀、松动脱落、开裂等
线路门架	鸟窝、损坏、变形等
建筑物	四周屋顶异物、开裂、受损等
变电站周围情况	树枝、违章建筑、积水等

当变电站线路发生异常、故障时，可通过无人机进行重点巡视用于快速定位，有助于进行异常分析和事故处理。根据故障测距情况，旋翼无人机首先检测故障附近范围内设备情况；若没有发现故障地点，旋翼无人机会扩大搜寻范围。

除用于常规巡检和事故巡检外，对于特殊情况的如鸟害和春季树木生长旺盛季节均可通过旋翼无人机巡检及时发现危险点。在气温干燥容易引发山火地段，加强无人机的巡检可有效防控森林火灾的风险。

设备发生过负荷或发热时，无人机可挂载红外热成像仪对重载线路进行巡检。当线路沿途区域发生灾害后，根据现场条件，可考虑无人机挂载检测设备对受灾线路全过程录像，搜寻电力设备受损情况。

（2）安全注意事项。

1）巡检作业过程必须严格遵守《国家电网公司电力安全工作规程（变电部分）》有关安全作业的相关规程、规定。

2）作业前，无人机应预先设置紧急情况下的安全策略。

3）在远程起飞前，应观察无人机机巢，必要时可设置安全警示区。

4）作业现场应做好灭火等安全防护措施，严禁吸烟和出现明火。

5）作业现场不应使用可能对无人机巡检系统通信链路造成干扰的电子设备。

6）除出线构架侧设备外，其他设备区严禁开展跨越飞行。

7）制订变电设备无人机巡检作业应急操作卡，明确预控措施、现场应急处置程序及措施（这个请厂家提供紧急处置操作手册）。

8）为保障无人机巡检的安全性，需确保无人机与设备的安全距离不小于 1m。

9）起飞和降落时，现场所有人员应与无人机作业系统始终保持足够的安全距离，作业人员不得位于起飞和降落航线下；工作地点、起降点及起降航线上应避免无关人员干扰，有人员行走的工作地点应在四周装设围栏，四周围栏上悬挂适当数量的标示牌。

（3）技术措施。

1）应充分考虑无人机作业系统在飞行过程中出现偏离航线、导航卫星颗数无法定位、通信链路中断、动力失效等故障的可能性，合理设置安全策略。

2）无人机异常时的一键返航策略要根据实际情况进行修改，宜设置为无人机异常时保持悬停的策略。

3）每次放飞前，运维人员应对无人机作业系统的动力系统、导航定位系统、飞控系统、通信链路、任务系统、起飞和降落点周围环境等进行检查，确认满足所用无人机作业系统的技术指标要求，确认选用的无人机作业系统的飞行高度、速度等满足作业质量要求。

4）飞行过程中应始终注意观察无人机飞行姿态、作业系统电机转速、电池电压、航向、飞行姿态等遥测参数，判断系统工作是否正常。

5）当天作业结束后，应按所用无人机作业系统要求进行检查和维护工作，对外观及关键零部件进行检查；应清理现场，核对设备和工器具清单，确认现场无遗漏。

6）运维人员在远程开展无人机自主巡检作业前，应重点关注现场环境，当有以下天气时禁止起飞，即5级以上大风天气；能见度百米以内的大雾天气；雷雨天气；冰雹天气；扬沙天气。如在飞行途中遭遇以上天气时，应尽快降低飞行器，及时控制无人机返航或就近选择安全地点降落，以确保无人机安全。

7）无人机作业系统在空中飞行时发生故障或遇紧急意外情况时，应尽可能地控制无人机巡检系统在安全区域紧急降落。

8）作业区域出现雷雨、大风等可能影响作业的突变天气时或出现其他飞行器或飘浮物时，应及时评估作业安全性，在确保安全后方可继续执行巡检作业，否则应采取措施控制无人机作业系统避让、返航或就近降落。

9）巡检过程中如遇突发情况或对变电设备造成损坏，立即停止飞行，及时告知变电运检人员。

10）巡检作业时，任务设备出现故障无法恢复，且影响巡检任务作业时，应立即中止本次作业，操作无人机返航。

11）当飞行器出现指南针干扰，飞手迅速调整飞行模式，降低油门，轻微调整拨杆，并观察飞行器情况，使得飞行器趋于平稳以免坠毁，若仍不可控，现场辅助人员通知附近人员，做好规避措施。

12）当检测系统显示电池电量低于30%，请迅速降低无人机飞行高度，手动返回或启动返航系统，控制无人机在安全区域降落，若返航时电量已无法满足返程，就近选择安全地点降落，以防坠机事故发生。

13）现场禁止使用可能对无人机巡检系统通信链路造成干扰的电子设备。作业时，除工作负责人因工作需要外，其他工作班成员不得使用手机。

14）巡检过程中应操作无人机缓慢靠近设备，保持平稳飞行，水平飞行速度不大于2m/s，并随时监测无人机状态。

15）无人机作业系统不应长时间在设备上方悬停。

6. 设备管理要求

作为设备主人，我们不仅要对设备的进场时进行负责，重要的是对设备的日常运行和设备的维护也要做到尽职尽责，保证从设备的"出生"到使用到退役均做到全程的参与。一个尽职的主人相较于一个不负责任的管理者，肯定能把设备"照顾"得更好，使设备的运行状况更加良好、运行周期更加长久。现参考相关规定设备主人团队从自身及相关运行班组人员方面对设备管理要求和相关资料要求如下：

（1）设备管理。

1）无人机作业系统应有专用库房进行存放和维护保养。

2）维护保养人员应按维护保养手册要求按时开展日常维护、零件维修更换、大修保养和试验等工作。

3）无人机的主要构件进行更新升级后，运维单位应进行及时的试验和检测，确保无人机作业系统满足相关标准要求。

4）无人机作业系统所用电池应按要求进行充（放）电、性能检测等维护保养工作，确保电池性能完好。

（2）资料管理。

1）对相关数据，影像、照片等进行导出。

2）删除无效、重复信息，并对有效信息按设备类型归档。

3）按照作业规范，核查无人机采录资料，逐项确认对象设备是否有缺陷。

4）将缺陷情况汇总成报告并提交相关单位、部门。

5）负责后续闭环监督管理工作。

7.3　典型应用案例

7.3.1　机器人应用案例

1. ××变电站机器人发现缺陷

（1）设备概况。

1）机器人信息：该机器人型号为 SIR-A10-A；投运时间为 2017 年 6 月。

2）主设备信息：缺陷（异常）主设备为××1420 线线路隔离开关；型号为 GW4-1260DW；投运日期为 2006 年 11 月；上次检修日期为 2015 年 4 月。

3）缺陷（异常）分类：发热缺陷。

（2）事件经过。

1）2017 年 7 月 26 日上午，运维人员在执行 220kV××变电站机器人全面巡视时，发现××变电站××1420 线线路隔离开关 A 相 67.19℃，B 相 51.15℃，C 相 71.04℃，当时 ××1420 间隔负荷为（240A、42WM），机器人主机报"三相比较异常"，三相最高温差为 19.89℃（机器人三相比较异常值设置值为 10℃），"阈值告警"，隔离开关 C 相温度已达到了 71.04℃，机器人报警阈值 60℃，判断为发热缺陷，如图 7-8～图 7-10 所示。

2）发现缺陷后，运维人员对该间隔进行了红外测温，人工测温结果与机器人测温结果相同，立即汇报了上级有关部门，并定性为一般缺陷。运维人员根据有关部门要求现场做好缺陷记录，并定期进行跟踪。

（3）总结分析。根据机器人建设与推进要求，推进智能巡检机器人的建设与应用，××变电站安装了智能巡检机器人，并根据上级部门有关指示，做到了努力应用好智能机器人。

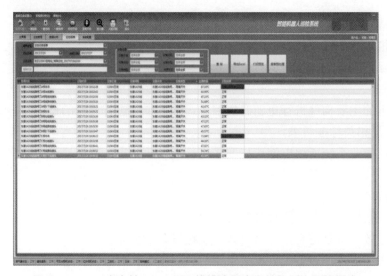

图 7-8 ××变电站××1420 线线路隔离开关机器人巡视报告

图 7-9 ××变电站××1420 线线路隔离开关 C 相超温告警信息（C 相 71.04℃）

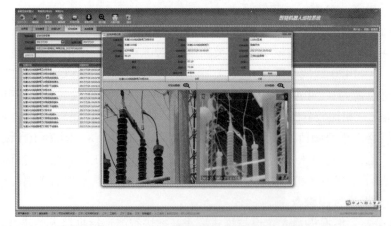

图 7-10 ××变电站××1420 线线路隔离开关 B 相温度信息（B 相 51.15℃）

本次机器人发现设备发热缺陷，充分体现了智能巡检机器人的优势，在保证巡视质量和效率的前提下，解放了设备主人的力量，显著提高了巡视效率，提升缺陷的管控水平，为电网的安全稳定运行增加了一道有力屏障。后续应确保班组每位职工都知晓并会使用智能巡检机器人，会制定和维护巡视任务和数据，提高机器人使用率和效率。

2. ××变电站机器人红外单轨制巡检验收

（1）验收经过。8 月 13 日、9 月 14 日，运维人员对 220kV××变电站智能巡检机器人分别开展单轨制运行自验收初验与复验工作。初验收重点核查××变电站智能巡检机器人全站红外测温点位踩点准确性，复验收重点抽查××变电站智能巡检机器人红外测温温度准确性。验收人员通过审阅历时巡检数据信息，设置执行临时巡检任务、现场测试机器人运行状况等方式对巡检机器人的运行管理、巡检报表、控制后台、设备功能等各方面进行了逐步验收，并抽查 10%以上点位与人工测温进行比对分析。

（2）验收结论。两次自验收认为：

1）××变电站智能巡检机器人点位设置满足相关要求。

2）机器人运行正常，出勤率良好。

3）任务设置、避障返回、高清拍摄等各方面功能均能正常应用。

4）全站红外测温项目共计 1509 个点位，其中满足准确率验收条件的点位为 1367 个，准确率为 90.5%，覆盖率和准确率均满足验收条件。

5）抽查红外测温点位 181 个，红外测温数据与人工测温数据比对，除部分测温距离差异外，154 个点位温差控制在±5℃以内，大于 10%，符合现场运维管理相关要求，可以实行单轨制运行。

6）可见光项目识别仍有较大误差，建议继续整改。

（3）红外单轨制试运行期间的成效。

1）发现重要缺陷。××变电站智能巡检机器人进行红外单轨制调试运行期间，根据红外测温巡检任务发现了一起设备发热问题，如发现××1213 线线路隔离开关 C 相发热缺陷，如图 7-11 所示。

图 7-11　××1213 线线路隔离开关 C 相发热缺陷报告

2）机器人巡检助力迎峰度夏工作。2018 年迎峰度夏期间，××变电站共安排智能机器人巡检 30 台次，合计完成整站红外测温 15 次，跟踪各类缺陷隐患 1 项。

（4）验收遗留问题。本次验收也发现了××变电站机器人试运行过程中存在两个方面的问题，建议××变电站机器人厂家杭州申昊公司针对相关问题加以整改，逐步提高机器人单轨制运行的技术水平。

机器人在避障情况下存在点位漏测或测偏情况。8 月 13 日初验收时，在检查 220、110kV 区域设备红外数据时，发现因避开巡检道路上的短时障碍时，导致部分点位未对准设备测温，出现无效测温数据，如图 7-12 所示。建议对障碍提高真实判断能力，在部分点位避障后动态调节测温框线范围或跳过相关点位，减少无效数据混淆测温实际情况。

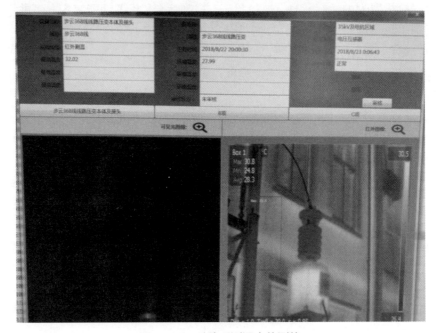

图 7-12　避障后测温点位测偏

3. ××变电站机器人缺陷跟踪

（1）设备概况。

1）机器人信息：该机器人型号为 SIR-A10-A，投运时间为 2017 年 6 月。

2）主设备信息：缺陷（异常）主设备为××1334 线副母隔离开关，型号为 SPV，投运时间为 2006 年 6 月，上次检修日期为 2015 年 4 月。

3）异常（缺陷）分类：发热缺陷。

（2）事件经过。

1）2018 年 5 月 17 日，运维人员针对机器人巡视发现的××变电站××1334 线副母隔离开关发热缺陷通过设置机器人特巡红外测温任务进行缺陷定点跟踪；每日（14:00）安排了人员进行发热情况人工复测。机器人于每日晚间对××1334 线副母隔离开关进行持续测温跟踪，记录其温度变化情况。

2）在进行机器人夜间测温的同时，运维人员在白天也进行了跟踪测温，于每日 14 时，对××1334 线副母隔离开关间隔进行了人工跟踪测温，对比发现机器人测温跟人工测温结果有差别，但是整体测温趋势一致，主要原因为白天环境温度较高、负荷较大、且 5 月 18 日～21 日夜间有雨可能对机器人测温存在部分影响。

（3）总结分析。针对机器人发现的隔离开关发热缺陷情况，运维人员通过机器人设置红外特训任务在夜间对缺陷进行跟踪，有效补充人工巡视工作，加强了对缺陷的监视和跟踪，保证缺陷可控、在控，大大较低了运维人员现场工作劳动强度，以及车辆等资源的消耗。

4．××变电站机器人特巡

（1）设备概况。

1）机器人信息：该机器人型号 SIR－A10－A、投运时间 2016 年 6 月。

2）主设备信息：主设备为××变电站所有设备，投运时间是 2006 年 12 月 19 日。

3）应用类型：保供电特巡。

（2）事件经过。2018 年 6 月 7～8 日，将举行 2018 年普通高等学校招生全国统一考试和浙江省高等职业教育招生考试，其成绩将在 2018 年高考招生录取中使用。为保证在此期间的电力正常平稳供应，××公司要求一定要全面落实好考试期间的保供电措施，做到万无一失，坚决防止因供电原因而影响考试事件的发生。××公司明确要求：

1）要开展设备特巡，利用红外测温、超声波局部放电等带电检测手段对保电涉及的主配网设备进行全面排查，提前发现并消除设备缺陷，避免电力设备故障隐患引发停电事故。

2）考试期间，要安排值班，变电站、重要线路等要加强值班，同时做好必要的抢修组织准备工作。要安排熟悉现场的有经验人员到考点现场值班，发电车提前就位，关键切换设备考试期间安排人员面对面驻守。

为切实做好"高考"保供电，决定使用机器人参与保供电。机器人检查及任务设置如图 7－13 所示。

① 准备阶段。保供电开始前，确保机器人无缺陷，处于正常工作状态。

图 7-13　机器人检查及任务设置

② 开展特巡工作。利用机器人执行红外测温、可见光巡检，对保电涉及的设备进行全面特巡。

③ 开展夜间巡视工作。由于机器人自带红外测温传感器，适合夜间特巡，运维人员制

定了机器人的夜间特巡任务。

（3）总结分析。经过保供电测试，发现机器人在保供电中能起到积极的作用，但是对机器人有更多的要求：

1）由于保供电期间有暴雨，这对机器人的防水性能要求比较高，特别是电路部分、镜头部分等。

2）另外，××变电站为常规户外变电站，属于本地区非常重要的电源点，且"重点保供电设备"较多。

（4）其他信息。启用机器人进行高考保供电特巡，代值班员完成变电站日常巡视、测温、各类表计抄录、异物识别等任务，有效地提高了运维效能。

7.3.2 某 220kV 变电站工业视频应用

1. 摄像头配置标准

按照有关规定，220kV 变电站摄像头配置数量约 30 个，具体情况结合站内实际制定。如××变电站工业视频改造摄像头点位需满足施工现场安全管控需要、设备远程巡视角度需求、开关室标准化建设规定。

2. 摄像头点位布置原则

（1）小型户内设备区布置 1 个摄像头。对于变电站内单独的蓄电池室、站用变室等户内面积较小的设备区，布置 1 个摄像头，且需兼顾到设备区房门，摄像头多布置在户内设备的正面，如图 7-14 所示。

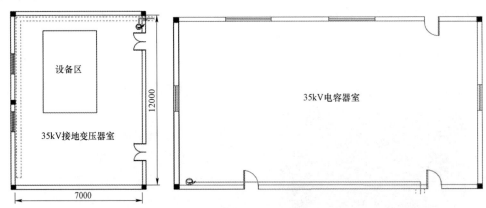

图 7-14　小型户内设备区（设备的正面，兼顾到门）

（2）大型户内设备区布置两个摄像头。对于户内面积较大的设备区，如继电保护室，布置两个摄像头的原则，布置方式有两种：一是对角布置，在设备区的对角各布置一个摄像头，以监视户内设备的全景，对角的选择兼顾出入房门的位置，此种布置方式房门多在设备的两侧，如图 7-15 所示；二是中间+角落布置的方式，对于中间布置的摄像头兼顾设备区大门，角落布置的摄像头兼顾设备全景，此种布置方式的房门多在设备的中间位置，如图 7-16 所示（此种情况根据房间大小可以采用对角+中间布置的方式）。

（3）开关室标准化点位布置。开关室内视频摄像头应采用高速网络球机，重要变电站可采用鹰眼+球机模式。单列开关柜摄像头安装位置采用对角布置，并兼顾开关室大门，双列开关柜摄像头安装采用对角布置并需在双列开关柜中间布点 1 个高速网络球机（重要变电站可采用鹰眼）。具体情况如下图 7-17～图 7-19 所示。

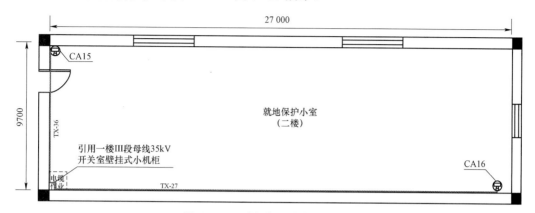

图 7-15　对角布置的户内设备区

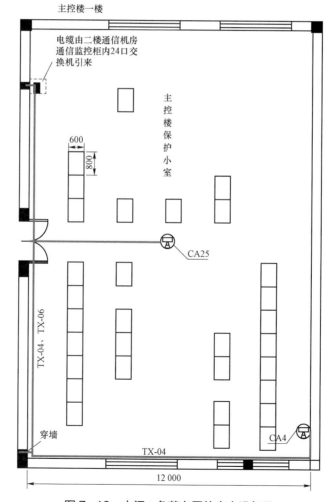

图 7-16　中间+角落布置的户内设备区

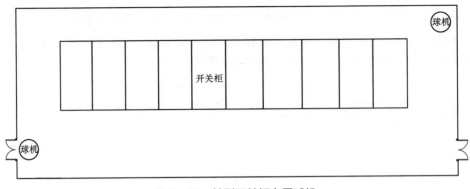

图 7-17　单列开关柜布置球机

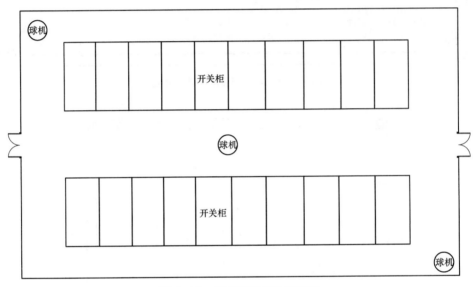

图 7-18　双列开关柜布置球机

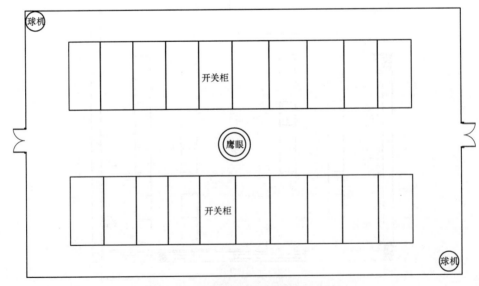

图 7-19　双列开关柜布置鹰眼+球机

（4）主变压器区对侧型点位布置。变压器为变电站内的重要设备，主变压器上任何一个部件的运行状态都对主变压器有着至关重要的影响，尤其是主变压器上存在着大量的表计、套管、瓷瓶等。因此，主变压器区摄像头采用对侧型点位布置（见图 7—20），在每台主变压器的表计两侧布置摄像头（若主变压器区空间允许，一般不建议安装在主变压器散热片的两侧），用以全面监视主变压器两次的外观、油位、套管、瓷瓶、渗漏油、风扇状态等，为了便于调节角度与焦距，摄像头采用高速网络球机。

图 7—20　主变压器采用对侧式点位布置

（5）户外设备区（AIS）多间隔公用型点位布置。220kV 设备区（AIS）采用每 2 个间隔之间布置 1 个摄像头（见图 7—21），110kV 设备区采用每 4 个间隔布置 1 个摄像头的方式（见图 7—22），220kV××变 220kV 户外设备区有 8 个间隔，110kV 设备区有 24 个间隔（含备用间隔空地），若每个间隔设置一个摄像头造成了资源的浪费，若设备区仅设置摄像头监视设备区全景，则存在视觉死角，部分设备无法被监视。因此，通过讨论分析，220kV 设备区每两个间隔共用一个摄像头，110kV 设备区每四个间隔（含待用间隔空地）共用一个摄像头，用以监视户外设备外观运行状况，兼顾断路器、闸刀分/合状态。为了便于调节角度与焦距，摄像头采用高速网络球机。

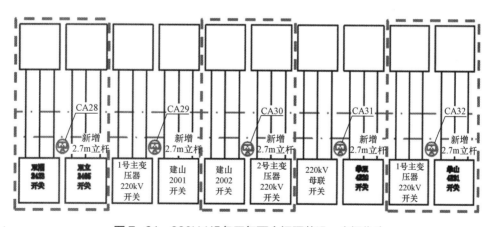

图 7—21　220kV 设备区每两个间隔装设一个摄像头

（6）户外设备区（GIS）对角＋正面型点位布置。对于大型成片的户外设备区，如户外GIS 设备区域采用对角＋设备正面布置摄像头的方式，以兼顾设备区全貌（见图 7—23），根据设备区的情况，设备区正面可以布置 1～2 个摄像头。

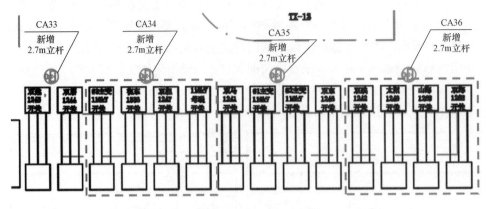

图 7-22 110kV 设备区每四个间隔装设一个摄像头

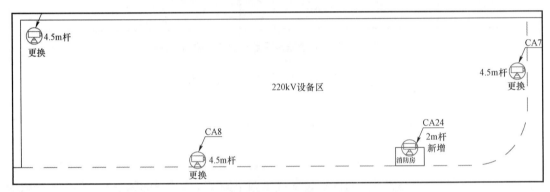

图 7-23 户外 GIS 设备区采用"对角 + 正面"布置的方式

3. 摄像头预置位设置

（1）摄像头预置位设置说明：为了便于查找和摄像头快速定位，对每个摄像头设置了多个预置位，便于运行人员快速调节与迅速找到指定设备位置，大大缩短了人工调节摄像头寻找指定设备的时间。设备预置位主要针对该摄像头监视范围内表计、闸刀位置、分合闸指示等，如表 7-3 所示。关于工业视频预置位显示如图 7-24 所示。

表 7-3　　　　　　　　　　　　典型间隔摄像头预置位设置要求

序号	设备	预置位	备注
1	主变压器	全景、温度计、油位计、地面油池、呼吸器等	正常时对着主变压器全景，兼顾主变压器油池
2	220/110kV 单间隔	全景、断路器分合闸位置指示、压力表、隔离开关实际位置、间隔电流互感器（油位）、充油设备地面等	正常时对着间隔全景，兼顾该间隔充油设备地面
3	户内设备区	设备全景、房门、重要屏柜	正常时对着设备全景，兼顾房门
4	围墙角	围墙全景、墙角设备	正常时对着围墙全景，以监视围墙周界

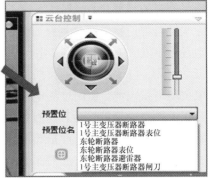

图 7-24　开关预置位指示图

（2）"守望"预置位设置：为了在摄像头被人工调节后能够恢复到原有监控画面，××变电站引入了摄像头"守望"功能，即给每个摄像头设置一个"守望"预置位（一般为预置位列表的第一个），当摄像头被人工转动后，在一定时间内（12min）摄像头会自动恢复到"守望"预置位，避免了摄像头人工调节后未对准设备的情况发生，也省掉了人工调节原有监控位置的时间。

4. 电源配置原则

220kV 变电站视频监控设备采用不间断电源供电，后备供电容量不小于 2h，场外摄像机等视频监控设备不由通信电源供电，由变电站内不间断电源或场地电源供电。

为此，××变电站工业视频系统配置了专用的 UPS 电源，并保证了电源容量满足 2h 的使用要求。为了统一标准，采用了 38AH 的蓄电池，根据变电站内摄像头功率的大小，大致配置 5～7 节蓄电池便可，蓄电池统一存放在图像监控屏内，如图 7-25 所示。

5. 存储容量配置原则

变电站内存储容量必须满足15d连续存储的要求，并留有适当的事故容量。为了便于存储信息的查询，××变电站工业视频存储信息由 15d 扩充为

图 7-25　蓄电池安装屏柜（图像监控屏内）

30d，保证了工业视频 30d 内不间断存储，并留有 1 个硬盘损坏的事故容量，即当工业视频单个移动硬盘损坏后，存储容量仍能满足 30d 的存储要求。

7.3.3　无人机应用案例

以某实际 220kV 变电站无人机电力线路布局案例的形式对无人机智能巡视各子系统进行说明。

图 7-26 为某 220kV 变电站无人机系统架构图。首先利用三维激光扫描仪进行变电站高

精度三维点云模型建立，然后采用三维航线规划系统，基于变电站高精度三维模型进行变电站无人机自主巡检航线规划；一体化管控平台利用规划的自主巡检航线，实现巡检任务制定，巡检任务下发，任务下发到24h无人值守的无人机机巢中，机巢中的无人机即可利用航线进行自动起飞、自动巡视作业，任务完成之后无人机自动返回机巢。返回机巢之后，机巢为无人机自动更换电池，使用过的电池自动在机巢中进行充电。同时，巡视数据通过机巢自动回传至无人机巡检管控平台，进行统一规范化的管理，以此实现无人机智能巡检。

　　在确定系统架构后，首先选定无人机机库位置，其次由经验丰富的数据采集人员负责变电站激光点云数据采集，并对激光点云进行去噪、纠偏、复核等预处理及精度校正，建立变电站高精度三维激光点云模型，然后进行航线规划和航线验证，最后进行软件平台的调试。

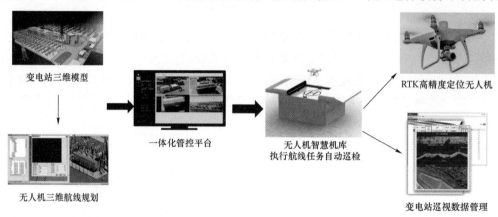

图7-26　系统建设架构图

　　图7-27为某220kV变电站无人机平台总规划图。无人机由变电站内起飞对电力线路进行巡视，可以执行线路进行日常巡视、特殊巡视、线路故障跳闸后巡视等巡视任务。

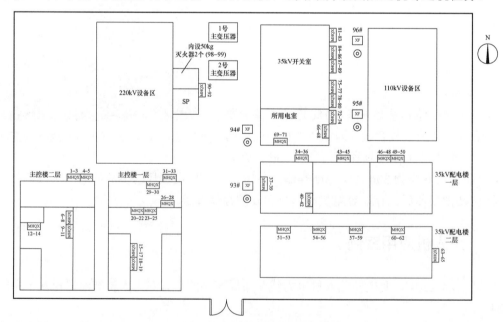

图7-27　无人机平台规划图

点云数据关系到后续变电站三维建模及航线规划,因此对变电站点云数据采集必须遵循相关采集要求,以保证点云数据质量。点云采集要求采用绝对坐标,84 坐标系,UTM 投影,连接千寻网络,坐标精度在 10cm 以内,点云密度为 500 点每平方米,点云渲染采用真彩色,设备部件不能丢失,完全可见,设备表计能够看到,点云格式为 LAS 格式。

图 7-28 为无人机航线复测流程。利用采集到的点云信息和设备台账关联后的设备坐标模型,通过无人机变电站三维航线规划软件,在综合考虑多机型多旋翼飞行能力、作业特点、飞行安全、作业效率、起降条件、相机焦距、安全距离、巡查部件大小、云台角度、机头朝向等的基础上,可实现设备精细巡检和通道巡检全自动的航线规划,输出高精度地理坐标的航线规划成果以供多旋翼无人机智能、安全、高效的开展变电站无人机自动巡检。

巡视航线初步规划后,系统会模拟飞行并进行安全检查审核。

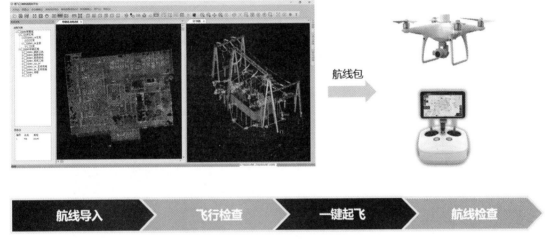

图 7-28　航线复测流程

航线规划完成后,通过无人机自动驾驶系统导入,并由专业技术人员一键起飞,全程跟踪,对航线进行复测,再次确保航线的安全性和覆盖度。

通过布置整套无人机自主巡检系统,现阶段可在集控站和指挥中心无人机调控平台实现变电站户外设备的自主巡检,平台布置如图 7-29、图 7-30 所示,集控站应用情况如图 7-31 所示。

图 7-29　无人机自主巡检调控平台机巢及无人机实时监视

图 7-30 无人机自主巡检调控平台飞行航线任务管理

图 7-31 运维人员远程执行无人机自主飞行任务

其中，该变电站户外 GIS 变电站，220、110kV 设备为 GIS 设备，分别布置于变电站南侧和北侧，1、2 号主变压器布置于变电站中间，线路避雷器、电压互感器均为 AIS 设备。

通过前期梳理，该站户外变电巡视点位共 526 处，受限于带电部位安全距离与设备排列布置等因素，经过前期充分验证，已在变电站所有户外设备中建成变电可巡检航线 28 条，可实现站内 379 处点位巡视，包括设备外观、SF_6 表计、避雷器泄漏仪表计、围墙周界、避雷针、房屋屋顶、智能汇控柜、断路器及隔离开关指示、油位指示等。

该变电站前期已布置户外机器人，可进行可见光与红外巡视，可实现户外 447 处点位巡视，其覆盖率在 85% 左右；同时也布置了一定数量的摄像头，并接入到统一视频平台，主要针对设备运行环境，可精细巡检内容较少，占总巡检数的 15% 左右。

在完善无人机自主巡检后，可通过无人机＋机器人＋工业视频立体联合巡检方式，实现站内低、中、高不同维度的设备远程自主巡检，进一步提升远程巡检覆盖率，大大减轻运维压力，各智能巡检方式实现情况如表 7-4 所示。

通过联合立体巡检，对不同巡检方式进行巡检任务分配。其中无人机可见光可实现巡检部分由无人机远程执行巡检，无法实现部分由机器人与人工进行补充。红外巡检机器人可实现部分由机器人进行远程巡检，无法巡检部分由人工进行补充。

表 7-4　　　　　　　　　　无人机＋机器人＋工业视频立体巡检应用

巡检方式	巡检点位数	照片数量	执行时间（min）	人工辨识时间（min）	覆盖率（%）
人工	516	—	175	—	98
无人机	379	798	265	133	72
机器人	447	924	360	80	85
工业视频	79	—	—	—	15
联合巡检	484	1227	265	150	92

通过联合立体巡检，可实现 484 处巡检点位的巡视，占总巡检数 92%。以现场每个巡检点位耗时 20s 计算，联合立体巡检可节约 160min 巡视时间。由于人工智能对图片识别技术暂未达到实用化程度，因此在运维站需要对 798 张图片进行人工辨识，耗时 100min 左右，后续随着人工智能技术的发展，可以进一步提高机器代人巡视效率。

通过无人机的补充应用，可将原有现场智能设备巡检覆盖率提升 7%，从而可使现场例行巡检无人化的目标更进一步。

同时本次自主巡检系统也将变电站周边输电线路及杆塔纳入巡检范围中，可实现输变配设备联合自主巡检。建成输配电巡检航线 8 条，包括周边 4 条 220kV、8 条 110kV 输电线路 2 基塔以内的 151 处输电设备巡视，1 条 10kV 某 J743 线 1～5 号杆的巡视。

通过输变配联合自主巡检，进一步提升无人机自主巡检系统应用范围。多专业共享无人机巡检平台，扩大机器代人巡检覆盖范围，促进运维效率提升如图 7-32 和图 7-33 所示。

图 7-32　输变配联合巡检一

图 7-33　输变配联合巡检二

参 考 文 献

[1] 国网浙江省电力有限公司. 变电检修过程管理 [M]. 北京：中国电力出版社，2019.

[2] 毛琛琳，张功望，刘毅. 智能机器人巡检系统在变电站中的应用 [J]. 电网与清洁能源，2009，25（9）：30－32，36.

[3] 周焱. 无人机地面站发展综述 [J]. 航空电子技术，2010，41（1）：1－6.